博物館裏的中國

傾聽地球秘密

宋新潮 潘守永 主編

高源 尹超 編著

推 薦 序

　　一直以來不少人說歷史很悶，在中學裏，無論是西史或中史，修讀的人逐年下降，大家都著急，但找不到方法。不認識歷史，我們無法知道過往發生了什麼事情，無法鑒古知今，不能從歷史中學習，只會重蹈覆轍，個人、社會以至國家都會付出沉重代價。

　　歷史沉悶嗎？歷史本身一點不沉悶，但作為一個科目，光看教科書，碰上一知半解，或學富五車但拙於表達的老師，加上要應付考試，歷史的確可以令人望而生畏。

　　要生活於二十一世紀的年青人認識上千年，以至數千年前的中國，時間空間距離太遠，光靠文字描述，顯然是困難的。近年來，學生往外地考察的越來越多，長城、兵馬俑坑絕不陌生，部分同學更去過不止一次，個別更遠赴敦煌或新疆考察。歷史考察無疑是讓同學認識歷史的好方法。身處歷史現場，與古人的距離一下子拉近了。然而，大家參觀故宮、國家博物館，乃至敦煌的莫高窟時，對展出的文物有認識嗎？大家知道什麼是唐三彩？什麼是官、哥、汝、定瓷嗎？大家知道誰是顧愷之、閻立本，荊關董巨四大畫家嗎？大家認識佛教藝術的起源，如何傳到中國來的嗎？假如大家對此一無所知，也就是說對中國文化藝術一無所知的話，其實往北京、洛陽、西安以至敦煌考察，也只是淪於“到此一遊”而已。依我看，不光是學生，相信本港大部分中史老師也都缺乏對文物的認識，這是香港的中國歷史文化學習的一個缺環。

早在十多年前還在博物館工作時，我便考慮過舉辦為中小學老師而設的中國文物培訓班，但因各種原因終未能成事，引以為憾。七八年前，中國國家博物館出版了《文物中的中國歷史》一書，有助於師生們透過文物認識歷史。是次，由宋新潮及潘守永等文物專家編寫的“博物館裏的中國”，內容更闊，讓大家可安坐家中“參觀”博物館，通過文物，認識中國古代燦爛輝煌的文明。謹此向大家誠意推薦。

丁新豹

序

在這裏，讀懂中國

博物館是人類知識的殿堂，它珍藏著人類的珍貴記憶。它不以營利為目的，面向大眾，為傳播科學、藝術、歷史文化服務，是現代社會的終身教育機構。

中國博物館事業雖然起步較晚，但發展百年有餘，博物館不論是從數量上還是類別上，都有了非常大的變化。截至目前，全國已經有超過四千家各類博物館。一個豐富的社會教育資源出現在家長和孩子們的生活裏，也有越來越多的人願意到博物館遊覽、參觀、學習。

"博物館裏的中國"是由博物館的專業人員寫給小朋友們的一套書，它立足科學性、知識性，介紹了博物館的豐富藏品，同時注重語言文字的有趣與生動，文圖兼美，呈現出一個多樣而又立體化的"中國"。

這套書的宗旨就是記憶、傳承、激發與創新，讓家長和孩子通過閱讀，愛上博物館，走進博物館。

記憶和傳承

　　博物館珍藏著人類的珍貴記憶。人類的文明在這裏保存，人類的文化從這裏發揚。一個國家的博物館，是整個國家的財富。目前中國的博物館包括歷史博物館、藝術博物館、科技博物館、自然博物館、名人故居博物館、歷史紀念館、考古遺址博物館以及工業博物館等等，種類繁多；數以億計的藏品囊括了歷史文物、民俗器物、藝術創作、化石、動植物標本以及科學技術發展成果等諸多方面的代表性實物，幾乎涉及所有的學科。

　　如果能讓孩子們從小在這樣的寶庫中徜徉，年復一年，耳濡目染，吸收寶貴的精神養分成長，自然有一天，他們不但會去珍視、愛護、傳承、捍衛這些寶藏，而且還會創造出更多的寶藏來。

激發和創新

　　博物館是激發孩子好奇心的地方。在歐美發達國家，父母在周末帶孩子參觀博物館已成為一種習慣。在博物館，孩子們既能學知識，又能和父母進行難得的交流。有研究表明，十二歲之前經常接觸博物館的孩子，他的一生都將在博物館這個巨大的文化寶庫中汲取知識。

　　青少年正處在世界觀、人生觀和價值觀的形成時期，他們擁有最強烈的好奇心和最天馬行空的想像力。現代博物館，既擁有千萬年文化傳承的珍寶，又充分利用聲光電等高科技設備，讓孩子們通過參觀遊覽，在潛移默化中學習、了解中國五千年文化，這對完善其人格、豐厚其文化底蘊、提高其文化素養、培養其人文精神有著重要而深遠的意義。

讓孩子從小愛上博物館，既是家長、老師們的心願，也是整個社會特別是博物館人的責任。

基於此，我們在眾多專家、學者的支持和幫助下，組織全國的博物館專家編寫了“博物館裏的中國”叢書。叢書打破了傳統以館分類的模式，按照主題分類，將藏品的特點、文化價值以生動的故事講述出來，讓孩子們認識到，原來博物館裏珍藏的是歷史文化，是科學知識，更是人類社會發展的軌跡，從而吸引更多的孩子親近博物館，進而了解中國。

讓我們穿越時空，去探索博物館的秘密吧！

潘守永

於美國弗吉尼亞州福爾斯徹奇市

目錄

導 言

聆聽大地的聲音

　　親愛的同學，當你到戶外郊遊的時候，一定見到過各種各樣的石頭。不知道在你的頭腦中，石頭是一個什麼樣的形象：或許你會覺得它們是冰冷堅硬、了無生氣的；或許你會覺得它們是形狀怪異、顏色灰暗的；亦或許你會覺得它們毫不起眼，沒有什麼用處。其實，現代科學告訴我們，岩石的世界是生動的。岩石的形成往往需要火熱的溫度，需要生命的滋潤；許多岩石是美麗動人、婀娜多姿的；岩石更是有用的，它就在我們的生活中，和我們的衣食住行息息相關。

　　當你到戶外，特別是到山區遊覽時，是否會思考這些山是如何形成的，這裏的風景為什麼如此奇妙；當你到珠寶市場看著那一顆顆色彩誘人、價格昂貴的寶石時，你是否想知道它們為何如此美麗；當你看到電視上關於地震、泥石流的報道，看到一幅幅觸目驚心的災難畫面的時候，你是否會思考為什麼會發生這樣的災難，一旦我們遇到這些災難，如何避險？

　　這些問題，或許你覺得深奧難解，其實有一個地方能夠深入淺出地將答案講述給你，幫助你解開地球的奧秘。不僅如此，這個地方還會為你獻上一件件大自然留下的精美藝術品，帶你穿越一條條縱貫地球歷史的時光隧道。這就是地質博物館。

走進各地的地質博物館，你會更深刻地了解我們的地球母親，通過各種展板、模型和多媒體展示設備做一次地心旅行，看看地球內部的模樣。你可以了解到今天我們看到的名山大川、峽谷盆地、沙漠戈壁、洞穴天坑以及各種奇特的地貌是如何形成的。在有些地質博物館，你可以用積木搭個房子，看看它能抵抗幾級地震，甚至你還可以到地震模擬屋親身體驗一回大地的震顫。當然，千姿百態的礦石、五彩繽紛的寶石、歲月積澱的化石更是大自然留給人類的寶藏，不僅為我們奉獻了一道道視覺盛宴，更極大地豐富了我們的物質文化生活。

其實，地質學的研究和應用並非只是科學家們的事，我們每個人都可以參與其中，在大自然中有所發現，在一塊塊石頭中淘寶，還可以利用相關的知識在關鍵時刻保護自己。到你所在地的地質博物館看一看、玩一玩、學一學、想一想，你一定會獲益良多。

說起地質博物館，中國建設了很多，有像中國地質博物館那樣年近百歲的老館，也有像煙台自然博物館、本溪地質博物館、河南省地質博物館這樣的新館，還有老館和新館並肩坐落的南京地質博物館。這些地質博物館常年開放，為我們打開了認識地球的一扇扇窗口。

　　親愛的同學，就讓我們一起打開這本書，走進地質博物館，去聆聽大地的聲音，在五彩繽紛的石頭世界中發現科學，發現美吧！

第 1 章

從板塊構造到河流山川

在神話裏，是盤古大神開闢了天地。但現代科學家告訴我們，"開天"，也就是宇宙的誕生，那是由於大約一百五十億年前的一次大爆炸，"闢地"則是地球的形成，這發生在大約四十六億年前——一團星雲物質逐漸凝縮，形成了今天的大地。

開 天 闢 地

你知道嗎？當我們從地球上仰望天空，我們會發現天空是藍色的，而如果有機會乘坐宇宙飛船從太空回望我們的地球，我們會發現地球也是藍色的，天和地原來是那麼的和諧。

中國古代有一個神話傳說，一個名叫盤古的大神將混沌分開，形成天地，才有了我們這個生機盎然的世界。當然，通過科學研究，我們知道"開天"和"闢地"並不是在同一時間完成的。"開天"，也就是宇宙的誕生，那是由於大約一百五十億年前的一次大爆炸；而"闢地"則是地球的形成，這發生在大約四十六億年前——一團星雲物質逐漸凝縮，形成了今天的大地。

我們這個地球有山川、湖泊、海洋，有猛烈噴發的火山，有突然發作的地震，也有千奇百怪的洞穴。它們都是地球母親的傑作。

現代科學已經告訴我們，地球並不是一個簡單的球體，而是像雞蛋一樣分出層次的。如果把地球看作一個煮熟的雞蛋，那麼蛋黃就相當於地核，蛋白相當於地幔，蛋殼則是地殼。當然，宇宙中的這個巨大的"雞蛋"表面還可以分出很多圈層，包括大氣圈、水圈、生物圈和岩石圈的上部，正是這些圈層的相互作用才造就了今天這個五彩繽紛的世界。

主要由地球內部能量引起的地質作用，我們稱之為內動力地質作用（簡稱內力作用），像猛烈的火山噴發、可怕的地震，這些都是內力作用的表現。當然，內力作用可以以很緩慢的速度進行，我們往往感覺不到。但是經過日積月累，我們便會發現它的能量有多大——在我們看來很堅硬的岩層在內力作用下有的變得彎曲，這便是褶皺；有的則會斷裂錯位，這便是斷層。這種變化造就了地表上綿延的群山和幽深的峽谷。也正因為內力作用，我們才能欣賞到世界之巔——珠穆朗瑪峰的雄姿，才能體驗到滄海桑田的變遷。

圖 1.1.1
雞蛋與地球

圖 1.1.2
世界之巔──珠穆朗瑪峰

　　與內動力地質作用遙相呼應的是外動力地質作用，其主角是流水、風沙、冰川，它們是塑造地表的刻刀，很多奇特的地貌和美景都是它們的傑作。正因為經冰川作用留下的湖泊，我們才有了被稱為"童話世界"的九寨溝；正因為流水的溶蝕，我們才能泛舟灕江，去欣賞美麗的桂林山水；正因為風沙的吹蝕，我們才能到新疆的魔鬼城去體驗另一番奇妙美景。

圖 1.1.3

中國地質博物館地球廳

當然，我們更不能忘記孕育了人類文明的河流，它們不僅為我們提供了生存所必需的水源，還塑造了美麗的峽谷和土壤肥沃的沖積平原，使我們這個世界更加動人。

　　作為地球的主人，人類正是憑藉在實踐中摸索出的地球變化的規律，才能夠不斷地從地球母親那裏索取寶貴的財富來改善生活，改造世界。然而我們今天面臨的環境問題、自然災害問題比從前的任何一個時期都要顯著，有些問題甚至已經威脅到人類的生存與發展。為了解決這些問題，我們還需要向地球母親去取經，去進一步探索地球演變的規律。

地質傳奇

褶皺和斷層

　　我們平時出去旅遊，最喜歡欣賞山水了！那你想過山是怎樣形成的嗎？其實大部分山脈都是由內力作用形成的，以褶皺和斷層為主。在中國地質博物館的地球廳內，你就會看到從野外採集來的褶皺和斷層的標本。

圖 1.2.1
中國地質博物館褶皺標本

　　褶皺，顧名思義就是岩層受力發生彎曲變形的現象。就像我們穿的衣服會起褶一樣，堅硬的岩層也會起褶，可見我們大地母親的力量有多大！目前世界上的很多高大山系都是褶皺作用的結果，很多石油和天然氣資源都保存在褶皺中。

圖 1.2.2
野外觀察到的大型平臥褶皺

　　褶皺反映了某些岩層具有柔軟的一面，但你知道嗎，有些岩層就不那麼"柔情似水"了，一受力就會斷開，很脆，這便是斷層。

　　在中國地質博物館地球廳裏有一個斷層的標本。你看，原本平直的岩層被錯成台階狀。當然，在野外，斷層也比比皆是。斷層可是我們要仔細研究的東西，因為它與地震活動密切相關。

圖 1.2.3
背斜

圖 1.2.4
向斜

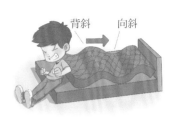

背斜　向斜

你還記得 2008 年那場震驚世界的汶川大地震嗎？那就是龍門山斷層活動導致的災難。

那麼，是什麼巨大的力量導致岩層彎曲甚至斷裂錯位呢？答案是——構造運動。

我們知道，地殼主要由七大板塊組成，根據全球規模的構造帶分佈所構成的自然邊界，主要分為歐亞板塊、非洲板塊、印度—澳洲板塊、北美洲板塊、南美洲板塊、南極洲板塊、太平洋板塊。除了這七大板塊之外，還有幾個小板塊。所有板塊都漂浮在炙熱而具有流動性的軟流圈之上。

這麼說可能有些難理解。你一定划過船吧，做個比喻，這些板塊就好比是小船，而地幔軟流圈就是湖水，是湖水推動小船移動的。划船時，

圖 1.2.5
中國地質博物館內展出的
台階狀斷層標本

聚散終有時。

印度　歐亞板塊　非洲板塊

我們還有這樣的感覺——船的中心比邊緣處要穩定許多。板塊也是如此，每個板塊內部都是相對穩定的，板塊邊界地帶則是地殼運動劇烈的地帶，經常發生火山噴發、地震、岩層的擠壓褶皺及斷裂。

圖 1.2.6
在野外觀察到的小斷層

地震儀和地動儀

如果有機會去地震監測機構參觀，我想你一定會被那些不斷在坐標紙上畫出地震曲綫的地震儀所吸引，感覺它是一種高深的精密儀器。其實，它的工作原理很簡單，就是應用了我們經常體驗到的慣性。

抓緊扶手，坐穩扶好。

我們都有這樣的經驗：站在巴士上，當巴士靜止不動時，我們會站得很穩，巴士一啟動，我們的身體便會向後傾斜，而剎車時，我們會前傾。這就是慣性現象。

實際上，固定地震儀的地板就像是車子，地震儀的核心部件——拾震器，就像是車上的人。當地板開始晃動時，就如同車子啟動，此時由於慣性的作用，拾震器與地板之間發生相對的位移，地震儀上的記錄器就會在坐標紙上畫出地震波形。

地震儀的祖先早在一千八百多年前就誕生了，那就是中國東漢科學家張衡發明的候風地動儀。候風地動儀"以精銅鑄成，員徑八尺"，上有隆起的圓蓋，"形似酒尊"，外表刻有篆文以及山、龜、鳥、獸等圖形。儀器的內部中央有一根"都柱"，柱旁有八條通道，稱為"八道"，還有巧妙的機關。尊體外部有八個口銜銅珠的龍頭，按東、南、西、北、東南、東北、西南、西北八個方向佈列。在每個龍頭的下方都有一隻蟾蜍與其對應。任何一方如有地震發生，該方向龍口所銜銅珠即落入蟾蜍口中，由此便可測出發生地震的方向。據說當時利用這台儀器成功地測報了中國西部地區發生的一次地震，引起了廣泛的重視。這比西方國家用儀器記錄地震的歷史早了一千多年。

當然，候風地動儀的靈敏度很低，只能測報出強度較大的地震。而用現代技術武裝的地震儀，其靈敏度能超乎你的想像。毫不誇張地說，就連我們跺腳所產生的超微 "地震" 都難逃它的 "法眼"。

圖 1.2.7
候風地動儀復原模型

冰川的地質作用和冰川地貌

在中國地質博物館的地球廳，展示了一塊帶有擦痕的石頭，這塊堅硬的石頭上佈滿了釘子形狀的刻痕。是什麼樣的力量能夠在石頭上刻畫呢？原來是冰川的作用。這些刻痕就是冰川擦痕。

冰川擦痕是冰川搬運物在運動中摩擦形成的痕跡。擦痕多呈"釘子"形，一端粗一端細，粗的一端指向冰川來的方向，細的一端指向冰川去的方向，長數厘米至一米，深度一般為數毫米。

1954 年，中國地質學家李捷在北京石景山模式口的岩壁上發現了冰川擦痕，後經李四光先生鑒定確認，該冰川擦痕形成於約二百五十萬年前的新生代第四紀，痕跡清晰、集中而成片，是

冰川作用

由於冰川在移動的過程中會對冰床及山谷產生巨大的破壞作用，因此冰川作用是重要的塑造地貌的外動力地質作用。在冰川的作用下，會形成冰斗、角峰、刃脊等地貌。

圖 1.2.8
冰川擦痕

圖 1.2.9
九寨溝的海子

在中國北方極為罕見的發現。它的發現為研究遠古地質、氣候、生物及古人類提供了極為珍貴的資料依據，震動了世界地質界。1957 年，北京市人民政府將其正式列為市級文物保護單位。1992 年，中國第四紀冰川遺跡陳列館在這裏正式對外開放。

當然，冰川留給我們的還有美麗的風景，例如被稱為 "童話世界" 的九寨溝就與冰川作用有

圖 1.2.10
玉龍雪山上的冰川

圖 1.2.11
冰斗

圖 1.2.12
角峰

圖 1.2.13
刃脊

著直接的關係。此外，像四川的海螺溝冰川、西藏的卡若拉冰川等，都造就了聞名海內外的旅遊景區。

河流的分選作用

在中國地質博物館的地球廳，你會看到一桶桶不同大小的礫石和泥沙。或許你會對此困惑不解，人工篩選這麼多石頭有什麼意義？其實，這不是人工篩選的，而是河流分選的結果。那麼河流為什麼能像篩子一樣將礫石按照大小進行分選呢？

我們知道，流水就像我們的交通工具一樣，能夠攜帶大量的石頭和泥沙，但是帶大石頭費力，而帶小石頭和泥沙則省力許多。如果水流速度足夠快，那麼所有的沙石就都可以被帶走。當

圖 1.2.14
河床中的礫石

流速減慢時，河水的力量也會隨之變小，如果沒有力氣帶走較大、較沉的石頭，就只能把它們留在河底。隨著河水流速慢慢降低，石頭、沙子和泥就按照從大到小的順序被留在河底了，這就是分選作用。

圖 1.2.15
中國地質博物館河流地貌模型

打個比方，河流就好比一輛擠滿人的巴士，上面有大人有小孩兒，有壯漢有瘦子。由於車子嚴重超載，開不動了，因此車上必須要下來一些人。那什麼人先下車呢？當然是那些高大壯實的成年人先下。之後車子繼續向前開，開著開著，由於油量不足，還得再下一些人，那麼就輪到那些瘦一些、矮一些的成年人下車。最後，車上就只剩下孩子們了。

所以，一般來說，大塊的礫石往往分佈在河流的上游，而最細的泥質顆粒則分佈在河流的下游。

此外，在同一河段當中的不同位置，河流的搬運能力是不同的，這也對沉積物起到了分選的效果。一般在河流中心處，水流速度較快，搬運能力較強，因此只有大塊的礫石才能沉積下來；但在河道邊緣附近，水流速度往往相對較慢，搬運能力較弱，一些中小礫石也能在此沉積下來。在洪水期，河流水位會上漲，漫過河灘，而河水在上漲過程中只能帶起最細粒的泥沙，所以河灘上的沉積物一般粒度較小。因此，當我們在野外遇到一個地質剖面，發現其礫石按照大小有分層現象，那就說明在遠古時期，這裏很可能有一條大河。

舉 世 無 雙

分分合合的大陸

關於大陸漂移說，我們已經是耳熟能詳。就像很多博物館和教材中寫的那樣：遠古時代，地球上只有一塊龐大的陸地，其餘部分都是海洋，後來這塊大陸由於各種原因分裂開，逐步漂移成今天的海陸格局。

大陸漂移說的提出者是赫赫有名的魏格納。很多科普讀物都講到了這樣一個故事：1910年的一天，德國氣象學家魏格納身體欠佳，臥床休息。在病榻上，他凝視著掛在牆上的地圖，發現非洲西海岸與南美洲東海岸的海岸線具有較高的吻合度，兩個大陸可以拼接為一個整體。於是，一個新的學說雛形就這樣在偶然間誕生了。當然，大陸漂移說並非只是偶然間的奇思妙想，魏格納還搜集了古生物學、地質學等多方面證據來完善其學說。

經過之後的學者進一步的科學研究發現，大陸的分合在地球歷史上出現過多次。大陸之間就像我們人類一樣，聚聚散散、分分合合，而且具

圖 1.3.1
魏格納

圖 1.3.2
喜馬拉雅山脈

有周期性。地質學家威爾遜詳細論述了這一過程。

那麼，這是一個怎樣的過程呢？

1. 在大陸的內部發育出狹長幽深的裂谷，就像現在的東非大裂谷。

2. 裂谷內灌入海水，發育洋殼，形成狹長的海灣，就像現在的紅海。

3. 海灣在海底擴張作用下不斷擴展，逐漸形成寬闊的大洋，就像現在的大西洋。

4. 當大洋擴張到一定程度時，由於大洋板塊與大陸板塊互相撞擊，其交界處就出現了海溝，洋殼沿海溝俯衝消減，此時大洋由擴張期轉到了收縮期，就像現在的太平洋。

5. 大洋不斷收縮，兩側不斷俯衝消滅，最後形成剩餘的相對封閉的洋盆，就像現在的地中海。

6. 大洋兩側的大陸碰撞到一起，洋盆完全消失，形成宏大的造山帶，就像現在的阿爾卑斯—喜馬拉雅造山帶。

這個過程需要數億年的時間。可以預見，現在的東非大裂谷和紅海，將來可能發展成為寬闊的大洋，而我們熟悉的世界第一大洋——太平洋則會不斷縮小。現在的地中海將在很久以後消失，那裏或許會有新的山脈誕生。

據部分科學家計算和預測，大約二點五億年以後，絕大部分大陸又將連成一個整體，新一輪循環又將開始。

火山作用

提起火山噴發，也許很多人會想起在公元79年8月24日，古羅馬繁榮一時的龐貝城被火山灰掩埋的故事。而前幾年冰島火山的噴發對整個歐洲乃至世界的航空運輸都造成了影響，導致航班大面積取消。

火山噴發其實是內動力地質作用的一種表現形式，是岩漿等噴出物在短時間內從火山口向地表的釋放。火山多呈圓台狀，像圓錐被削去了尖頂，其結構有些類似於酒心朱古力——朱古力內部的酒就如同岩漿。如果我們將酒心朱古力頂部挖一個小洞，模擬火山口，一個火山模型就有了。當然，若你想讓手中的"火山"像自然界的火山一樣"噴發"，那可不是一件容易的事，因為不論你採取擠壓還是加熱等手段讓裏面的酒噴出來，都算是使用外力，但真正的火山噴發是地球內力作用的結果。

據不完全統計，全世界有兩千多座死火山和五百多座活火山，它們大體呈帶狀分佈，主要集

中在板塊的邊緣。

世界上有四大火山帶，即環太平洋火山帶、地中海火山帶、大洋中脊火山帶以及東非大裂谷火山帶。日本和東南亞由於地處環太平洋火山帶，因此是多火山的地區，著名的富士山就是該火山帶上的一座火山。歐亞大陸南部為地中海火山帶，導致古羅馬龐貝城覆滅的維蘇威火山就位於這個火山帶上。

中國的火山多為死火山或休眠火山。東部諸山中，只有台灣的鯉魚山最近還在活動。像黑龍江的五大連池、長白山上的白頭山、雲南騰衝火

圖 1.3.3
五大連池古火山口

圖 1.3.4
火山口

山群、台灣的大屯火山等,都處於休眠狀態。

說起火山噴發,你的第一個反應是什麼呢?

災難!

不過,火山噴發對於人類來講並不都是災難。從某種程度上看,它對人類是利大於弊的。首先,火山灰為農業提供了肥沃的土壤。其次,絕大多數的金屬礦產、寶石的形成都與岩漿活動密不可分。再次,由於岩漿是從地球深部上湧而來的,因而火山岩被譽為探測地球深部的"探針",對於研究地球深部物質組成具有重要的科學價值。最後特別值得一提的是,一些火山以及

由岩漿冷凝形成的地貌為人類提供了美妙絕倫的
自然景觀，例如日本的富士山，中國的雁蕩山、
五大連池、峨眉山等，都是著名的旅遊景點。

圖 1.3.5
五大連池火山地貌

大地之顫何處來

寧靜安詳的生活有時會被大地的震顫所打
破。你還記得 2008 年的汶川大地震嗎？當親眼見
到房屋開始搖晃、大地出現裂縫、山巒傾覆的景
象，人們會不由得驚恐甚至絕望。這就是大自然
的力量。

模擬的地震。

作為地球上的居民，在長期的生存鬥爭中，我們已經逐漸掌握了一些給大地把脈的經驗和知識。可是面對地震災難，人類依然顯得渺小而脆弱。那麼，大地之顫由何而來呢？經過幾千年的探索，我們已經找到了答案。

地震的原理其實很簡單，我們不妨做個實驗吧。找一個玻璃杯子，接上多半杯水，然後把它放在你的書桌上。你用腳輕輕地蹬一下書桌腿，就可以發現杯中的水起了波紋，蹬得越用力，波紋就越明顯。這是為什麼呢？原來，在你蹬桌腿的那一瞬間，桌腿會產生震動波，震動波傳到桌面，桌面就開始震動。這就是模擬的地震。桌面的震動通過杯子傳遞到水中，就會產生波紋，震動越大，波紋就越明顯，說明地震越劇烈，破壞力就越強。

圖 1.3.6
汶川大地震遺址

028

真實的地震也是一樣的。它是地表下部的岩石受力發生震動，產生震動波，進而傳到地表，引發地面震動的一種自然現象。如果震動十分強烈，不僅會使許多建築物在瞬間淪為廢墟，還會使人類的生命財產遭受巨大的損失。同時地震還能夠引發大規模的崩塌、滑坡、泥石流、砂土液化等自然災害，發生在深海地區的地震甚至可以觸發海嘯。

　　實際上，地球每時每刻都在發生地震，只不過它們中的絕大多數都太小了，以至於不通過精密儀器測量，我們根本察覺不到。據統計，地球上每年大約要發生五百萬次地震，但是能被人感覺到的僅佔總數的百分之一左右。

迷人的喀斯特地貌

　　你或許聽說過"喀斯特"這個名詞。其實這是個音譯詞，意思是"岩石裸露的地方"。喀斯特地貌又被稱為岩溶地貌，它是流水在岩石上的傑作。你一定聽說過"水滴石穿"的典故吧，可你知道嗎，水不僅能穿透堅硬的石頭，還能將石頭雕刻成各種造型。例如那一座座石灰岩山峰、夢幻般的地下溶洞、巨大的天坑，還有美麗的鈣華五彩池，都屬喀斯特地貌。

圖 1.3.7
雲南石林

圖 1.3.8
峰叢

圖 1.3.9
溶洞景觀

中國岩溶地貌面積大，分佈廣，種類齊全。西南岩溶山區是世界岩溶地貌分佈最典型的地區之一，也是世界上面積最大的岩溶風光區之一，許多著名的旅遊景點都與岩溶作用有關。

昆明的石林是中國四大自然奇觀之一，它屬地表岩溶景觀，是一種形態高大的石芽群。桂林的灕江兩岸由岩溶作用形成了一系列象形的峰林和峰叢，造就出"船在江上走，人在畫中遊"的美景。重慶奉節小寨天坑是迄今發現的世界最大的天坑，有"天下第一坑"的美譽。被譽為"童話世界"的九寨溝中有很多因岩溶作用形成的鈣華沉澱。

圖 1.3.10
地表鈣華堆積

中國也是一個溶洞之國，著名的溶洞景觀有
貴州織金洞、桂林蘆笛岩、北京石花洞、遼寧本
溪水洞、浙江桐廬瑤琳仙境等。

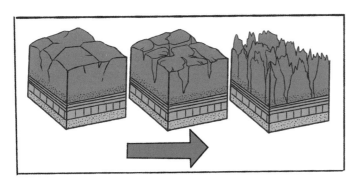

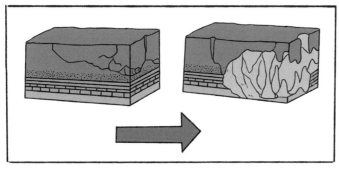

圖 1.3.11
石林和溶洞的形成

自然天成

雅丹地貌——上帝創造的魔鬼城

　　同學你好，我的名字叫雅丹。中國西北的戈壁大漠是我的家。我的名字是由維吾爾語音譯過來的，原意是險峻的土丘。二十世紀初，科考人員在乾旱的羅布泊首次見到了我的身影。

　　別看我生在戈壁荒漠，可我的模樣一點兒也不難看。你看我，紅黃相間，絢麗奪目，一座座土丘酷似一座座遠古的城堡。當大風從我的身上吹過時還會發出特別的聲音，有時讓人不寒而慄。因此，我還有個特別的綽號，叫作魔鬼城。不過，這沒有什麼好怕的，你有機會可以放心大膽地來找我玩。我可是新疆旅遊的一張名片。

　　那你知道我是怎樣形成的嗎？其實我的生身父母是遠古的湖泊和大漠的強風。在我出生以前，有一個遠古的湖泊，湖水進進退退，便逐漸形成了上下疊加的泥岩層和沙土層。慢慢地，湖泊乾涸，強風帶走了疏鬆的沙土層，而相對堅硬的泥岩層便保留了下來。不過緻密的泥岩層也並非堅不可摧，荒漠區較大的溫差產生的脹縮效應

我就是魔鬼城！

圖 1.4.1
雅丹地貌

導致泥岩層最終發生崩裂，形成凹槽以及或大或
小的長條形土墩。後來，這些長條形的土墩繼續
受到風化作用的影響，最終成為一個個形態各異
的土丘，雅丹地貌也就形成了。

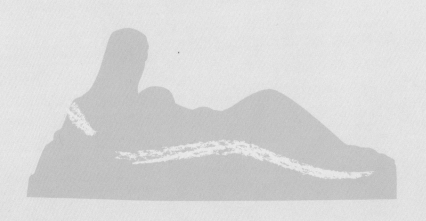

第 2 章

從三大岩石到多姿多彩的礦物

花崗岩是人類最早發現和利用的天然岩石之一。中華民族對於花崗岩的開發和利用可以追溯到萬年以前的新石器時代。在山西懷仁鵝毛口石器製作場遺址，有遺跡表明當時的人們已經在用採來的花崗岩製作石器。

開天闢地

地球的皮膚——礦物與岩石

地殼好比地球的皮膚，而組成地球皮膚的則是千姿百態的礦物和岩石。礦物是地殼中由地質作用形成的天然化合物和單質，而岩石則是由礦物所組成的集合體。換句話講，我們每個同學就像一種礦物，而我們的班級就像一塊塊岩石，岩石是由礦物組成的。

就像我們每個人都有姓名、身份證一樣，每種礦物也有它固定的名字、化學組成及物理性質，這也是它們之間相互區分的依據。

礦物也像生物一樣不斷地生長，只不過它們生長得十分緩慢，歷經數千年、上萬年，個子才能長一點點。如同我們人類有高有矮、有胖有瘦一樣，礦物也會生長出不同的體態。

就礦物單體而言，有的礦物長成了長柱狀（例如水晶、輝銻礦），有的長成了片狀（如雲母），還有的則形成了一個立方體或球體（如黃鐵礦和石榴石）。在礦物學上，它們分別被稱為一向延伸型、二向延展型和三向等長型。礦物單

圖 2.1.1

一向延伸型的礦物——輝銻礦

圖 2.1.2

二向延展型的礦物——雲母

體之間還會形成各種造型的組合體，呈現給人們一道道視覺盛宴。

據統計，世界上目前已發現礦物四千九百三十八種，而岩石的種類則更多。岩石根據成因分為三大類：岩漿岩、沉積岩和變質岩。岩石記錄著地球的歷史，讓我們有機會穿越時空去看看過去的世界。

岩石構成了地球的一大圈層，也給人類帶來了寶貴的財富。我們生產生活所需要的各種礦產就來自岩石，我們生命所需要的各種微量元素絕大多數間接來自岩石，我們使用的水資源中有相當一部分儲存在岩層裏，我們建築用的石材來自岩石，還有我們佩戴的各種寶石，在庭前室內擺設的各種觀賞石以及各種美麗的地貌景觀等，都是岩石帶給我們的財富。

圖 2.1.3
三向等長型的礦物——黃鐵礦

地質傳奇

鴛鴦礦物——雌黃和雄黃

"信口雌黃"這個成語我們耳熟能詳,意思是不顧事實,隨便亂說。"信口"二字人們容易明白,但為何與雌黃這種礦物聯繫在一起呢?原來,雌黃是一種檸檬黃色的礦物,其成分為三硫化二砷。古人用它來塗改字跡,所以雌黃就是古代的"修正液"。後來人們將雌黃的這種功能引申到說話中,就形成了信口雌黃這個成語。

除了塗改錯別字,雌黃還作為顏料被用於繪畫。在敦煌莫高窟的壁畫上,人們就檢測出了雌黃的存在。由於雌黃中含有砷元素,具有一定毒性,長期接觸會導致人中毒,如果不慎大量攝入

雌黃和雄黃

雌黃和雄黃,都屬硫化物礦物。它們都是硫和砷的化合物,在自然中往往形成於同一地區,是共生礦物,而且雄黃經陽光曝曬會生成雌黃,所以它們有"鴛鴦礦物"的美稱。

有了修正液就不怕寫錯字了。

圖 2.2.1
雌黃

圖 2.2.2
雄黃

圖 2.2.3

莫高窟壁畫

還可能致命，所以從十九世紀起，人們就很少用雌黃進行繪畫創作和塗改字跡了。

雄黃也是常見的硫化物礦物，主要化學成分是硫化砷，也被稱為石黃、雞冠石，通常為橙黃色粒狀固體或粉末。

雄黃具有一定的藥用價值。聰明的古代中國人早就發現了這一點，所以每逢端午節，人們都要用雄黃泡酒喝，這已經成為中華民族傳統文化的一部分。但是任何事物都是一體兩面的，由於雄黃中含有劇毒元素砷，如果攝入過量就等於服毒。特別是雄黃被加熱到一定程度後，毒性就會大大增加。

端午節了，飲碗雄黃酒吧。

岩石之王——花崗岩

花崗岩是一種常見的岩石，它來自地球深部的岩漿作用，是大自然帶給人類的珍貴禮物，在人類的文明史上留下了濃墨重彩的一筆。

在中國地質博物館的礦物岩石廳，採自全國各地的幾十塊花崗岩佈滿了一個展櫃。有的呈紅色，似夕陽下的一抹彩霞；有的則呈灰色，給人以沉穩端莊之感。如果近距離仔細觀察，你會發現花崗岩上密密麻麻地佈滿了黑色的斑點，令人眼花繚亂，有些斑點在燈光下還會發出金光。其實，不用到博物館，你也可以仔細觀察一下身邊的建築物，它們很多都用到了美麗的花崗岩石料。

據地質學家研究，花崗岩主要是岩漿在地下深部冷凝形成的，不僅不易風化，而且顏色美觀、硬度高、耐磨損，因而自然成了工程建築的優質石材。此外，許多金屬礦產，如銅、鉛、鋅、鎢等，都與花崗岩有關。

花崗岩還造就了中國許多的名山大川和優美的風景，例如安徽的黃山，其山體便主要由花崗岩構成，而山石中長出的迎客松在雲霧環繞間，更宛如一幅精美絕倫的畫卷。此外，廈門鼓浪嶼的日光岩也是由花崗岩構成的。

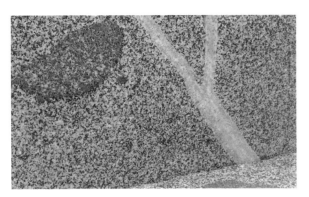

圖 2.2.4

含有包裹體和岩脈的花崗岩

圖 2.2.5

黃山

圖 2.2.6
鼓浪嶼日光岩

花崗岩為什麼有的呈紅色，有的呈灰色？花崗岩上的黑點到底是什麼呢？為什麼有些斑點在燈光下能閃金光？要回答這些問題，我們就要了解花崗岩是由什麼組成的。

我們已經知道，岩石是由礦物組成的，花崗岩也不例外。不管是黑點也好，還是紅點也罷，都是礦物。在普通放大鏡下仔細觀察花崗岩，我們會發現黑色斑點實際分為兩種，一種發亮，在燈光下能閃金光，這便是黑雲母，不能閃光的則是角閃石。此外，我們還能看到一些暗灰色或灰白色的斑晶，這便是石英。

　　花崗岩有的呈紅色，有的呈灰色，這實際是由一種名叫長石的礦物控制的。長石大致分為鉀長石和斜長石兩種，其中鉀長石多呈肉紅色，它是紅色花崗岩的主要組成礦物；而斜長石則呈白色或淡灰色，它是灰色花崗岩的主要組成礦物。

　　花崗岩是人類最早發現和利用的天然岩石之一。在世界各地有許多用花崗岩建造的文化遺產，像古埃及的金字塔、古希臘的神廟、古羅馬鬥獸場等。中華民族對於花崗岩的開發和利用可以追溯到萬年以前的新石器時代。在山西懷仁鵝毛口石器製作場遺址，有遺跡表明當時的人們已經在用採來的花崗岩製作石器。此外，在西安碑

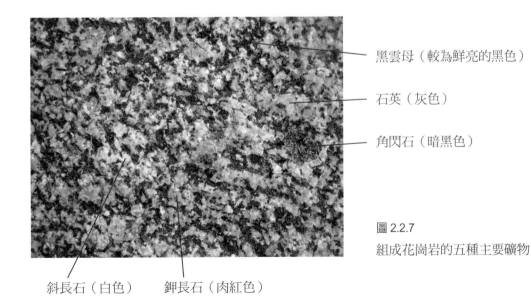

黑雲母（較為鮮亮的黑色）

石英（灰色）

角閃石（暗黑色）

圖 2.2.7
組成花崗岩的五種主要礦物

斜長石（白色）　　　鉀長石（肉紅色）

林藏有公元前 424 年雕刻的花崗岩石馬。在許多古代的陵墓、石拱橋以及佛教石窟造像中也都能見到花崗岩的身影。

中華人民共和國成立後，花崗岩的應用領域不斷擴大。比如北京天安門廣場上的人民英雄紀念碑的碑心就是一塊取材於山東青島的花崗岩，還有南京雨花台的烈士群像、蘭州 "黃河母親" 巨型石雕等作品，也都選用了花崗岩。

花崗岩的用途廣泛，主要是由於它的堅硬和很強的抗壓性。舉個例子，一塊指甲蓋大小的花崗岩就能支撐起一頭小象的重量。因此，堅實耐用的花崗岩慢慢成了深受人們喜愛的建築材料。當然，值得注意的是，花崗岩本身含有一定的放射性物質，因此用作建材時一般要經過特殊處理。

圖 2.2.8
"黃河母親" 巨型石雕

勝似美玉的石頭——漢白玉

你去過北京的故宮嗎？除了紅牆金瓦，那潔白的欄杆和石柱也為這宏偉的建築群增添了一種莊嚴的氣氛，它們是用一種叫作漢白玉的石材製作而成的。

如果來到中國地質博物館參觀，在礦物岩石廳中你會看到一塊打磨拋光後的漢白玉。那潔白的顏色，似紙，卻比紙更加光亮；似雪，卻比雪更有神韻；似雲，卻比雲更顯剛毅。這塊漢白玉與故宮的欄杆用料產自同一個地方——北京房山大石窩，那裏是全國著名的漢白玉之鄉。

據地質學家研究，北京房山地區在距今十幾億年前的元古代還是一片淺海，海床上沉積了厚厚的碳酸鹽岩，其中以白雲岩為主，還有矽質

漢白玉

漢白玉就是白色細晶的大理岩。"白色"很好理解，那什麼是"細晶"呢？其實，當我們拿放大鏡觀察岩石的時候，會發現岩石也具有顆粒結構，有的顆粒大，有的顆粒小，還有的顆粒用肉眼很難分辨出來。而組成漢白玉的顆粒較為細小，我們就稱它為"細晶"。

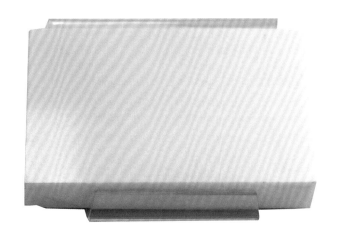

圖 2.2.9
白色細晶大理岩

岩，這就是漢白玉的母岩。後來受到強烈的區域變質作用，白雲岩發生了重結晶，形成了白雲石大理岩，也就是漢白玉。

漢白玉叫"玉"，但不是玉，那漢白玉的名稱是怎麼來的呢？目前比較有代表性的說法有兩種。一種說法認為，這種石料類似潔白無瑕的美玉，而又從漢代起開始使用，所以稱其為漢白玉。另一種說法認為，古人把質量很高的白石分為了"水白玉"和"旱白玉"兩種。水白玉就是在新疆和田地區的河床中出產的白石料，旱白玉則是產在北京西郊山上的白石料。後來，人們口口相傳，把"旱"誤傳成了"漢"，就形成了今天漢白玉這個名稱。

北京故宮中最大的一塊石雕位於保和殿後的階陛中間。石雕長十六點五七米，寬三點零七米，厚一點七米，重約二百五十噸，上面雕刻著九條在流雲中騰飛的巨龍。有人說，這塊石雕就是用漢白玉刻成的。

即便在科技發達的今天，要想將這樣一大塊石料從幾十公里外的房山運到故宮也需要動用大量的人力和機械。而在幾百年前的明代，運輸它更是有著一段用血汗和艱辛寫成的故事。

據說，當年運輸時正值寒冬，官府動用了兩

雲龍階石

關於雲龍階石的材質，現在的說法並不統一。有些人認為它是漢白玉，但也有很多人認為它是艾葉青。艾葉青可以說是漢白玉的"孿生兄弟"，它也是一種質量很高的大理石，顏色多呈青灰色，結構均勻細緻，可與漢白玉相媲美。

萬民夫，用拽運旱船的方法拖運。沿途每隔一里就要打一口水井，汲水潑路結成冰道以便拖運，同時井水可供民夫飲用。從房山到北京共拖運了將近一個月的時間，當時人們把辛苦拽運這種巨石的方式稱作"萬人愁"。

漢白玉，正如它的名字一樣，潔白無瑕，如同美玉。它雖然沒有玉石那樣貴重，卻在中國宮廷建築史上留下了濃墨重彩的一筆，而作為自然界的產物，它也是一部記載北京十幾億年滄桑變化的史書。

圖 2.2.10
故宮保和殿後的雲龍階石

山寨鑽石有奇才——鋯石

鋯石是一種性質特殊的礦石。其無色或淡藍色的品種經過加工，能夠像鑽石一樣反射出璀璨的光芒。它在外觀上與鑽石很相似，被譽為可與鑽石相媲美的礦石。但正因如此，它也成了製作山寨版（仿冒）鑽石的主要材料。

鋯石在地質研究中有一個特殊的功能，它就像地球年輪的一把量尺，能夠告訴我們各種千奇百怪的石頭的形成時間。這是因為鋯石中含有能夠測年的放射性同位素——鈾二三五和鈾二三八，它們經過漫長的時間可以分別變成鉛二〇七和鉛二〇六，這種現象叫作衰變。元素衰變的知識比較複雜，但是給你算一道數學題，你就會明白它的原理了。

桌子上原有六十四個蘋果，每過七億年，就把桌子上留下來的一半的蘋果替換成橘子。經過漫長的歲月，桌子上剩下了八個蘋果、五十六個橘子，請問，總共過去了多少年？

我們很容易計算出，從開始到第一個七億年，桌子上有三十二個蘋果、三十二個橘子；再過七億年，桌子上有十六個蘋果、四十八個

圖 2.2.11
經過加工的鋯石

橘子；等到第三個七億年過去後，桌子上就剩下了八個蘋果、五十六個橘子。因此總共過了二十一億年。

其實在鋯石測年中，鋯石裏含有的鈾二三五就如同這道題中的蘋果，而它衰變成的鉛二〇七則相當於橘子。鈾二三五具有穩定的半衰期，約為七億年。按照一樣的道理，鈾二三八可以衰變成鉛二〇六，但是它的半衰期約為四十五億年。結合這兩組衰變，科學家們就可以在鋯石上打一些點來大致測算出石頭形成的年代。當然，實際的衰變過程是持續而緩慢的，具體的算法也要比這道題複雜得多了。

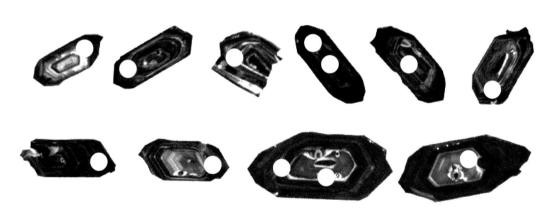

圖 2.2.12
科學家使用鋯石測量地質年代的圖譜

隔音壁的秘密——蛭石

　　你一定很熟悉音樂廳，當優美的音樂響起時，我們都會隨著指揮家手中的指揮棒一起在旋律中徜徉。可是，當你中途走出音樂廳，就會發現在出門的一剎那，音樂聲忽然小了很多；如果再關上門，就幾乎聽不到任何聲音了。這是怎麼回事呢？原來，音樂廳的牆壁是用蛭石等隔音材料製成的，具有很好的隔音效果。那麼，蛭石是怎樣的一種礦物呢？

　　蛭石是一種天然、無毒的礦物，在高溫作用下會膨脹。它主要由雲母類礦物經熱液蝕變作用或風化而成，因其受熱失水膨脹時形態酷似水蛭扭動，故稱蛭石。

門內震天響，
戶外悄無聲。

编号: No.M10477

蛭石　Vermiculite

产地：内蒙古

Locality: Neimenggu,China

圖 2.2.13
蛭石

　　蛭石具有良好的隔音效果，這與它內部的結構密切相關。我們都熟悉海綿，海綿內部由於比較疏鬆，所以具有很強的吸附功能。蛭石也是如此。膨脹後的蛭石，其層片間形成細小的空氣間隔層，當聲波射入時，層間空氣發生振動，使部分音能轉變成熱能。這種無數層間的能量轉換，形成蛭石的吸音、隔音性能。蛭石不僅隔音效果顯著，而且具有吸水、耐火等特性，因此現在的樓板裏面經常加入蛭石以起到防火、防潮和隔音的效果。

舉 世 無 雙

眼見不一定為實——話說礦物的顏色

"耳聽為虛，眼見為實"，這是千百年來傳誦的至理名言。但是這句話用在鑒別礦物上就不一定適用了，相反，我們常常會被自己的眼睛所欺騙。就拿黃鐵礦來說，它長得和黃金太像了，以至於經常有人把它和黃金弄混，因此它也被冠以"愚人金"的稱號。

再如我們印象中的藍寶石是藍色的，但也有黃色、褐色的藍寶石，這也會讓很多人一頭霧水。那麼，這些現象到底是怎麼回事呢？

其實，在地質學上，我們把礦物的顏色分為自色、他色、假色三種。打個比方，就像我們中國人是黃色人種，皮膚的顏色是黃色的，這就如同礦物的自色。當我們去海濱度假，皮膚會被曬黑；而如果塗抹了增白的護膚品，皮膚會變白，這就如同礦物的他色。當我們站在陽光下，面朝光源的部位顯得白，而其他部位則相對黑一些，這就如同礦物的假色。自色、他色和假色都屬礦物塊體的顏色。除此三種外，礦物還有一種粉末

紅寶石、藍寶石

紅寶石和藍寶石，其實都是剛玉。紅寶石是因為含有被氧化的鉻元素而呈現紅色，藍色的藍寶石則是因為含有了微量的鈦和鐵元素。事實上，除了紅色的剛玉寶石，其他所有色調的剛玉在商業上被統稱為藍寶石。

形態時的顏色，即條痕色。條痕色比礦物塊體的顏色更為固定，更能反映礦物的本色。

　　首先，讓我們看看黃鐵礦和黃金，它們的自色都是金黃色，要區分它們就需要依靠條痕色了。我們觀察這兩種礦物在白色無釉瓷板上劃出的粉末的顏色，黃鐵礦的條痕色是綠黑色，而黃金的條痕色還是金黃色。

圖 2.3.1
黃鐵礦

圖 2.3.2
黃鐵礦的條痕

再說說藍寶石。有些藍寶石之所以不藍，是
因為含有其他的化學元素，這些元素可以使藍寶
石有著如同煙花落日般的黃色、粉紅色、橙色及
紫色等等。這就是礦物的他色現象。

圖 2.3.3
紅寶石

圖 2.3.4
藍寶石

圖 2.3.5
多彩的寶石

岩石會說話

在假期，當我們到戶外旅行，看到那些堅硬冰冷的石頭時，或許你會感到它們是沒有生機的。然而在地質學家們的眼裏，岩石是會說話的，它們能告訴我們發生在那遙遠年代的一幕幕往事。

首先，不同岩石的形成環境往往迥然不同，有的在陸地上形成，有的在海中形成；有的通過猛烈的火山噴發而形成，有的則通過變質作用而形成。也就是說，岩石可以告訴我們它們誕生的環境，進而告訴我們一個地區的環境演變過程。

比如，現在的五大連池環境優美，景色宜人，但是我們在這裏可以找到很多火山岩，這就說明曾幾何時，這裏火山猛烈噴發，岩漿炙烤著大地，與現在的環境大相徑庭。再比如，我們在青藏高原一帶發現了大量的石灰岩，這種石灰岩主要是在海中生成的，裏面還有海生動物的化石，這就告訴我們現在被稱為世界屋脊的青藏高原曾經是一片汪洋。

此外，岩石還會變形甚至破裂，這就會形成褶皺和斷層。而通過研究褶皺和斷層的演變，地質學家們會知道這一帶的山脈是何時形成的，這裏以前是否發生過強烈的地震，以後會不會發生

圖 2.3.6
採自青藏高原的鸚鵡螺化石

等等，這對我們的生產生活十分有幫助。

當然，岩石還是我們尋寶的鑰匙，那些油氣、礦產乃至美化我們生活的珠寶玉石都埋藏在岩石中，需要我們通過對岩石的研究去尋找。

大理石有輻射嗎

看過 1987 版電視劇《紅樓夢》的觀眾一定對劇中那個貌美、柔弱、多愁善感的林黛玉記憶猶新。可是 2007 年卻傳來了一個噩耗，林黛玉的扮演者陳曉旭據說因家庭裝修所用的大理石產生輻射而患上癌症，最終香消玉殞。一時間，大理石的環保問題成了人們熱議的焦點。那麼，大理石到底會不會產生輻射呢？

我們知道，大理石的主要成分是碳酸鈣，這並不是一種放射性物質。有的人誤以為大理石的輻射很高，使用時難免有一些顧慮。事實上，天然大理石的放射性很低，基本不會對人體造成傷害，而處理得當的人造大理石的放射性更低。不過，部分劣質的人造大理石在製作過程中使用了對人體有害的黏合劑或塗料。曾有傳言稱，可以通過大理石石材的顏色來分辨其放射性的高低。

事實上，顏色並不能作為判斷其放射性高低

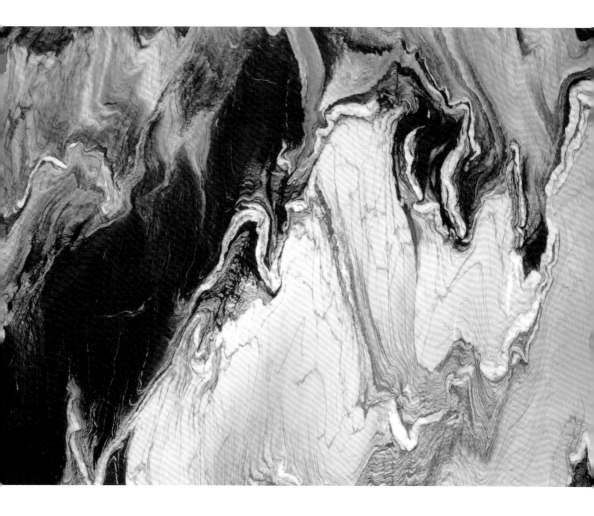

的依據。石材的放射性判定要以專業檢測的數據
為準。因此，如果家中裝修需要用大理石，最好
請專業人員進行檢測。

圖 2.3.7
帶有天然花紋的大理石石材

自 然 天 成

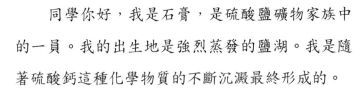

石膏——我很軟，但我很強大

　　同學你好，我是石膏，是硫酸鹽礦物家族中的一員。我的出生地是強烈蒸發的鹽湖。我是隨著硫酸鈣這種化學物質的不斷沉澱最終形成的。

　　我敢肯定你曾經見過我。在各類地質博物館的岩石礦物展區中一定有我的身影，因為我是礦物硬度計上的一員。

圖 2.4.1
石膏晶體

　　礦物根據從軟到硬被劃分為十個硬度等級，我是二級硬度的代表，大名鼎鼎的金剛石是十級硬度的代表。可見，我在礦物中算是比較軟的，我還不如你的手指甲硬呢。

　　別看我很軟，我可是很強大的。即便你沒有去過地質博物館，在生活中也能處處見到我。首先，我可以做建築材料，家庭臥室的牆板很多都是用我做的。當然，如果你學習雕塑藝術，那我便是優良的雕塑材料。而當有人意外摔傷骨折，我便是固定傷骨的醫用材料。我還是一味良藥，李時珍的《本草綱目》中把我稱作寒水石，我能

圖 2.4.2
石膏像

夠以寒克熱，治療溫熱病。此外，我還可以製成
改良土壤的化肥，在農業上用途也相當廣泛。

一級——滑石　　　二級——石膏　　　三級——方解石

四級——螢石　　　五級——磷灰石　　　六級——正長石

七級——石英　　　八級——黃玉　　　九級——剛玉

十級——金剛石

圖 2.4.3
各級硬度的礦物代表

第 3 章

從寶石之王到玉石之首

新疆和田玉不僅歷史悠久，顏色豐富，品種齊全，而且質量在各種軟玉中是最好的，它也是最早將新疆和中原聯繫起來的紐帶。最早奔波於絲綢之路上的駝隊馱的不是絲綢，而是和田玉。因此絲綢之路的前身可以說是玉石之路。

開 天 闢 地

珠光寶氣石中藏——寶石

　　"珠光寶氣"這個成語形容了人們通過佩戴美麗稀有的寶石而顯現出的雍容華貴的氣質。寶石是一個龐大的家族，據統計，目前可以被稱作寶石的礦物與岩石有數百種之多，它們都必須具備三個共同的特點：美觀、耐久、稀少。所謂美觀，就是顏色艷麗、純正、勻淨、透明無瑕而光彩奪目，或呈現貓眼、星光、變彩等特殊的光學效應。耐久是要求寶石必須堅硬耐磨，化學穩定性高，具有永葆艷麗姿色的品質。稀少則是寶石珍貴的根本原因。

　　寶石的種類千差萬別，但是其成因無非分為三大類：一是天然無機成因，也就是各種岩石和礦物，如鑽石、紅寶石、和田玉、翡翠等等；二是天然生物有機成因，如珍珠、煤精、珊瑚、象牙等；三是人工合成的，如立方氧化鋯。

　　寶石之美，不僅在於它們華麗的外表以及賦予佩戴者的特殊氣質，也因為它們是文化的使者，伴隨著文明的成長。不同的寶石具有不同的

寶石

從廣義上講，那些色彩艷麗、晶瑩剔透、堅硬耐久、稀少並可琢磨、雕刻成首飾和工藝品的礦物和岩石，以及一些有機材料（如珍珠）都可以稱為寶石。狹義上，寶石指的是具有美觀、耐久、稀少等特點的，可以加工成裝飾品的礦物單晶體，它們和玉石、有機寶石合稱為珠寶玉石。

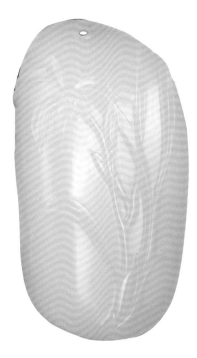

天然有機寶石——琥珀

天然無機寶石——軟玉　　　　人工合成的寶石——立方氧化鋯

圖 3.1.1

幾種不同成因的寶石

象徵意義。

　　隨著寶石文化不斷地深入人心，寶石也作為一種奢侈的消費品走進了千家萬戶，寶石的交易日漸升溫。然而，寶石的造假問題也隨之紛紛出現，因此辨別寶石的真假成了一門很大的學問。

　　實際上，大部分寶石不外乎就是組成地殼的岩石礦物，不同的岩石礦物都有自己的特點，就如同我們每個人都有區別於其他人的基因一樣。要想練就鑒定寶石的一雙慧眼，我們就要熟悉每種寶石的性質和鑒定方法。

圖 3.1.2
用寶石製作的工藝品——青金石屏風

地 質 傳 奇

寶石中的金剛——鑽石

"鑽石恆久遠，一顆永流傳"，這是我們耳熟能詳的一句廣告詞。鑽石之所以能夠"恆久遠""永流傳"，是因為它是寶石中的金剛，是自然界中天然存在的最硬的物質。正因如此，它成了愛情的象徵，是許多走進婚姻殿堂的男女相互交換的信物；它也是能力的代名詞，"沒有金剛鑽，別攬瓷器活"這句民諺廣為流傳；它還代表權力，是英國女王王冠上的裝飾物。

鑽石的歷史也是人類文明史的一個縮影。

圖 3.2.1
一顆四點一七克拉的鑽石

圖 3.2.2
金剛石原石

在公元前四世紀，印度的文獻中已有關於鑽石的記載。在十八世紀前，雖然世界其他地區也偶有鑽石發現，但印度幾乎是鑽石的唯一產地，在印度和西方之間有類似於中國絲綢之路的“鑽石之路”。

印度的鑽石產量在十七世紀達到高峰，此後迅速下降。隨著巴西和南非的鑽石原礦相繼被發現，鑽石開採的中心也在不斷地轉移。目前世界上發現的最大的鑽石是出自南非的庫里南鑽石，重達三千一百零六克拉（一克拉等於零點二克），大概有成年男子的拳頭般大小。它被切割成九顆大鑽和九十六顆小鑽，目前已經全部被英國王室收藏。

中國也有相當數量的鑽石出產。中國的鑽石歷史到底開始於何時，至今仍無定論。在古老的《詩經》中有“他山之石，可以攻玉”的記載，許多學者認為所謂的“他山之石”就是鑽石。

鑽石的切割

鑽石是目前首飾中的常用寶石，一般被切割成具有五十八個刻面的多面體。當光綫射入鑽石後會發生不同角度的反射和折射，使得整個寶石光彩四射。可既然鑽石是世界上最硬的天然礦石，那麼什麼材料能切割鑽石呢？其實，切割鑽石的材料同樣是鑽石，而切割方法就要利用到鑽石的解理——鑽石晶體內部的脆弱面。

鑽石恆久遠，
一顆永流傳。

寶石中的孿生姊妹——祖母綠和海藍寶石

圖 3.2.3
海藍寶石原石

在矽酸鹽礦物中，綠柱石無疑是入選寶石級礦物的佼佼者之一，不僅因為它那柔美的顏色，更令人驚奇的是它還會搖身一變，形成寶石中的一對孿生姊妹——祖母綠和海藍寶石。

祖母綠因含氧化鉻而呈現出美麗的翠綠色，是一種高檔寶石。祖母綠作為五月份的生辰石，是愛情與幸福的象徵，古人甚至還認為佩戴祖母綠會使人擁有超自然的先知能力，可以令人聰慧並防止疾病的侵擾。祖母綠的英文名稱為 emerald，而中文名則起源於波斯語 zumurud，完全是音譯而來，與祖母是沒有關係的，更不能把它視為專供老年女性佩戴的寶石。但在中國，祖母綠往往成為長輩女性傳給晚輩女性的傳家寶，例如外祖母傳給媽媽，媽媽再傳給女兒。因此在中國，祖母綠又被賦予了長輩與晚輩間親情相依的含義。

海藍寶石的英文名稱為 aquamarine。其中，"aqua" 是水的意思，"marine" 是海洋的意思，可見這寶石的名字與它的顏色多麼貼切。傳說中，這種美麗的寶石產於海底，是海水之精華，所以航海家用它祈求海神保佑航海安全，稱其為 "福

圖 3.2.4
祖母綠

圖 3.2.5
海藍寶石

神石"。當然，地質學研究表明海藍寶石的形成與海水沒什麼關係，反倒與熾熱的岩漿和熱液相關，是岩漿和熱液冷凝結晶的產物。由於礦石中含有鐵元素，所以才呈現出迷人的海藍色。

祖母綠和海藍寶石都是珍貴的寶石，特別是大塊的祖母綠和海藍寶石更是可遇而不可求的。

這是媽媽的媽媽送給我的，媽媽現在送給你。

硬玉之王——翡翠

翡翠，也稱緬甸玉，是清代才逐漸在中國流行起來的一種硬度相對較高的玉石。翡翠的英文名是 jadeite，這個詞來自西班牙語，原意是佩戴在腰部的寶石。如今翡翠已經成了珠寶首飾市場上的佼佼者，我們在手鐲、吊墜、耳飾、項鏈等飾品上都能見到翡翠的身影。那麼翡翠這個名稱是從何而來的呢？

目前比較可靠的說法認為，"翡翠"一名來自翡翠鳥，紅鳥為翡，綠鳥為翠。《說文解字》中有

圖 3.2.6
翡翠擺件

明確的解釋：“翡，赤羽雀也”“翠，青羽雀也”。這種解釋無形中為玉石增添了一縷悠遠的文化氣息。

在雲南騰衝，民間還流傳著這樣的故事：有一種美麗的綠色小鳥叫翡翠鳥，它們喜愛在叢林深處出沒，姿態靈動優美，叫聲清脆動聽。這種鳥身上有一抹淡紅色的羽毛。相傳，這種鳥極其忠貞，一旦伴侶死去，它們一定會從自己身上拔出最美麗的紅色羽毛為伴侶陪葬，而失去羽毛的鳥很快也會因憂傷而死去。

圖 3.2.7
幾種不同顏色的翡翠

美玉無瑕——和田玉

新疆和田玉不僅歷史悠久，顏色豐富，品種齊全，而且質量在各種軟玉中是最好的，它也是最早將新疆和中原聯繫起來的紐帶。最早奔波於絲綢之路上的駝隊馱的不是絲綢，而是和田玉。因此絲綢之路的前身可以說是玉石之路。

和田玉是一種軟玉，它的質地溫潤細膩，似透非透，不知讓多少文人墨客讚不絕口。在中國的歷史長河中，和田玉文化自新石器時代傳承至今，綿延數千年，經久不衰。

在中國地質博物館的寶玉石展廳內，展示了一件用和田玉製作的鼻煙壺。在館外的地質廣場上，還有一件巨大的和田玉原石標本。和田玉一般以仔料為貴，仔料有時會包裹一層黃褐色的外皮，這是受到河中礦物質長期浸潤而氧化形成的。

和田玉是中國幾千年玉文化的一個重要載

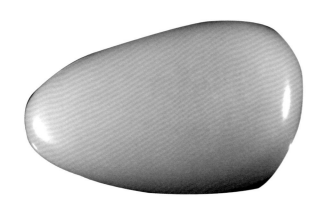

圖 3.2.8

白玉

中國地質博物館館藏

圖 3.2.9
和田玉仔料
中國地質博物館館藏

體。它不僅是皇家御用的珍品，更體現出孕育在
中華文化中的包容和厚德的精神，正所謂 "君子
如玉"。隨著時代的變遷，和田玉的概念發生了
巨大的拓展和延伸。目前廣義的和田玉已經不局
限在新疆和田地區出產的軟玉。

圖 3.2.10
幾種不同顏色的玉器

白玉　　　　　　　　青白玉　　　　　　　　墨玉

舉 世 無 雙

石中菊花為何怒放

　　菊花石質地堅硬，外表多呈青灰色，裏面含有天然形成的柱狀白色礦物，這些礦物呈放射狀散開，很像菊花。

　　在中國地質博物館的寶玉石展廳內展出著一件菊花石雕。它花瓣細長，花體較大，花色潔白。這種菊花石產自湖南瀏陽大溪河底的岩石層中，已有兩億多年的歷史了。

圖 3.3.1
湖南瀏陽菊花石

圖 3.3.2
菊花石工藝品

瀏陽菊花石是中國最早發現的菊花石品種，據《瀏陽縣志》記載，早在乾隆年間，永和鎮就發現了菊花石，一時傳為奇物，受到了文人墨客的青睞。清末維新運動的志士譚嗣同就酷愛菊花石硯台。他收藏了幾方菊花石硯，並親題硯銘，以表達他對家鄉——湖南瀏陽的一片深情。1915年，在巴拿馬萬國博覽會上，工藝大師戴清升用瀏陽菊花石雕製的作品一舉摘得了博覽會金質獎章，引起了轟動。

圖 3.3.3
京西紅柱石菊花石

除了瀏陽菊花石外，京西菊花石也很有名，但兩者在花形和花色上都有所差異。此外，廣西來賓、湖北恩施、陝西漢中、江蘇徐州、江西永豐等都是著名的菊花石產地。

生辰石的來歷

在選擇自己佩戴的寶石種類時，很多人會選擇自己的生辰石。各種各樣的生辰石斑斕艷麗，令人眼花繚亂。雖然生辰石是一種外來文化，但在中國已經傳播很久，得到了人們的認可與接受。

目前普遍公認的十二個月份的生辰石如下：

一月的生辰石是石榴石，象徵貞潔、友愛、忠實；

二月的生辰石是紫晶，象徵誠實、寧靜；

三月的生辰石是海藍寶石，象徵沉著、勇敢；

四月的生辰石是鑽石，象徵純潔；

五月的生辰石是祖母綠，象徵愛情、幸福；

六月的生辰石是月光石，象徵健康、富貴；

七月的生辰石是紅寶石，象徵熱烈、摯愛；

八月的生辰石是橄欖石，象徵夫妻幸福；

九月的生辰石是藍寶石，象徵忠誠、堅貞；

十月的生辰石是歐泊，象徵快樂、平安；

十一月的生辰石是托帕石，象徵友誼、友愛；

一月——石榴石

二月——紫晶

三月——海藍寶石

四月——鑽石

五月——祖母綠

六月——月光石

七月——紅寶石

八月——橄欖石

九月——藍寶石

十月——歐泊

十一月——托帕石

十二月——鋯石

圖 3.3.4

十二個月份的生辰石

十二月的生辰石是鋯石，象徵成功。

生辰石據說和《聖經》中的十二基石以及黃道十二宮有關。這其實是一種基於數學、天文學等知識的"十二"文化。著名的十二生肖和十二星座也是如此。在中世紀和文藝復興時期，珠寶商人開始將寶石與黃道十二宮結合起來，逐漸形成了今天的生辰石文化。

玉石何處生，何處尋

玉石是大自然的精華，而孕育這些精華的則是各種地質作用。

玉石的形成主要依靠岩漿作用、變質作用以及外動力地質作用中的沉積作用。當然，流水、風化剝蝕等也是玉石形成的重要影響因素。

可以說，每一種玉石的形成都經歷了複雜的地質作用，並且要求特殊的溫度和壓力環境配合，因而它們的產量極為稀少，地域性很強，甚至很多是一個地區的獨有之寶。因此它們也是大自然這部史書中最為珍貴和精彩的篇章之一。

那麼，我們到哪裏去尋找玉石呢？首先，我們要知道玉石所形成的大地構造環境。很多玉石都是變質作用的結果，而這種變質作用往往又伴隨著岩漿作用。因此，在地球歷史上，那些岩漿活動頻繁和變質作用強烈的地區往往是玉石的重要產地，而中國西部造山帶就符合這個特點，因此很多名玉珍寶都來自那裏。其次，我們要了解產出這種玉的礦脈分佈特徵，這是很專業的地質信息，一方面要依賴地質調查的深入進行，另一方面則需要查閱大量的文獻，還要藉助於當地百姓採玉的經驗。

自然天成

巨型水晶王——大塊頭有大智慧

在中國地質博物館的眾多國寶級展品中，有一件肯定讓你過目不忘，那便是巨型水晶王。今天我就來給你講講這國之珍寶——巨型水晶王的故事。

現存於中國地質博物館的水晶王重達三點五噸，是中國最大的水晶單體之一。它的外觀奇特，看起來非常可愛，像一座晶瑩透明的金字

圖 3.4.1
巨型水晶王

塔。巨型水晶王不但是大自然流光溢彩的傑作，據說還與我們的開國領袖毛主席有過一段不解之緣呢。

這還得從 1958 年的某一天講起。那天，毛主席正在中南海菊香書屋休息，手裏拿著一張神秘的照片，照片上有塊巨大的天然水晶，一旁的警衛員看到了，忙問：「這麼大的寶貝是從哪裏挖出來的？」主席答道：「江蘇省的東海縣。」

原來，在一個月之前，東海縣房山鎮柘塘村副業隊的隊員們在地下挖出一塊高約兩米，寬達一米，重三點五噸的「水晶王」。人們欣喜若狂，異口同聲要把這無價之寶送到北京，獻給偉大領袖毛主席，於是縣委先拍了張照片寄送過來請主席過目。後來，水晶王被運到了北京，毛主席看到水晶王後非常高興，將它轉贈給了中國地質博物館。新中國成立十周年之際，水晶王作為第一批新中國成立後所發現的自然寶物公佈於世，從此名揚中外。

說了這麼半天，你肯定會問，這麼珍貴的水晶王是怎麼形成的呢？地質學家認為，大約在二十三億年前，東海一帶還是茫茫滄海，經過海底火山噴發以及地殼不斷運動，逐漸形成了不少的水晶礦體，於是水晶王誕生了。科學家告訴我們，要形成這樣大的水晶王恐怕要數億年，所以它無疑是國之珍寶，是人類歷史上驚人的發現。

聽完水晶王的故事，你想不想親密接觸一下水晶？請看下面的圖，這就是天然水晶。水晶不僅有傳奇的身世，它的用處和本領更是大呢！

水晶最典型的特性是壓電性，壓電性是指當晶體受到壓力或拉力後，能產生電荷的一種性質。最早發現這一神奇特性的是法國著名科學家皮埃爾．居里（居里夫人的丈夫），但這個特性

圖 3.4.2
水晶

一直沒有得到很好的應用。直到第一次世界大戰，法國遭受德國潛艇攻擊，這時法國科學家利用水晶的壓電性製作了超聲波探測器，成功探測到德國的潛艇。從此，水晶名聲大噪，成了國防軍事工業中的貴賓，一直發揮著不可替代的作用。

神奇的水晶故事多，但老話說得好——百聞不如一見！歡迎你到地質博物館了解水晶的知識，走進水晶的世界。

圖 3.4.3
含有針狀包裹體的水晶

第 4 章

地質災害

其實就像我們玩滑梯一樣，岩石也會滑"滑梯"。不過岩石一旦玩起滑梯，那可就不"好玩"了，它帶來的後果可能非常嚴重，這就是滑坡災害。

地球母親給予我們繁衍生息的樂土，但有時候，她也十分狂躁不安：大地會在頃刻間劇烈震顫，山崩地裂，大量房屋瞬間被夷為平地，有時還會引發大的海嘯；火山會突然噴出大量熾熱的岩漿和火山灰，它們所到之處一片狼藉；在山區的公路旁，那高聳的岩壁上方時常會有石塊滾落，甚至整個山體都會像坐滑梯一樣傾斜滑落，掩埋村莊和農田；在山區的溝谷中，洪水會夾雜大量的礫石和泥土傾瀉而下，瞬間摧毀一座城鎮。這些就是給人們生命財產帶來巨大威脅的地質災害。

地質災害主要包括地震、火山、崩塌、滑坡、泥石流、地裂縫和地面塌陷等。在無數科學家的努力下，我們對這些災害發生的前兆、機理、特徵已經有了較深入的認識，這些認識會指導我們在遭遇地質災害時更好地保護自己。在中國，由於火山很少，且絕大部分為死火山或休眠火山，因此火山災害並不常見。但是由於中國山區面積大，並且處於兩條地震帶上，因此地震、崩塌、滑坡、泥石流、地面塌陷等是我們面臨的主要地質災害。這一章，就讓我們來認識這些地質災害的形成機理，並了解預防的措施。

"防" 勝於 "測" ——地震

中國各地的許多地質博物館，都會用大量的圖片和實物介紹地震帶給我們的災難。此外，近些年來國內還建立了專門的地震博物館或紀念館，例如唐山抗震紀念館、蘭州市地震博物館、"五‧一二" 汶川特大地震紀念館等等，館中的資料和設施也日趨豐富。

當看到房屋倒塌、人員傷亡的一幕幕慘劇時，我們都不禁會發出這樣的感慨——要是能準確預測出地震就好了。實際上，我們所說的這種預測指的是地震短臨預報，也就是在地震發生前的數十天到數分鐘內，判斷出地震，並及時進行疏散，儘可能地減少人員傷亡和財產損失的預報。而對地震的研究則是一門系統的高深的科學，我們要知道哪裏容易發生地震，更為重要的是，要知道一旦發生地震，我們如何做才能最大限度地保全自己的生命。事實上，科學家們通過多年的探索，已經了解了一些地震發生的規律和前兆，為在不久的將來實現地震的準確預報打下了基礎。

中國是一個地震多發區，位於環太平洋地震帶和地中海地震帶上。從歷史上地震發生的地區

圖 4.1.1
汶川大地震遺址

來看，華北地震區如遼寧、河北、北京、天津、
山東、山西、河南，西南的四川、雲南，西北的
陝西、甘肅、寧夏、青海以及新疆南部等地都是
強震的高發區。從發震的具體地點來看，強震往
往都集中在活動斷裂帶上，例如 2008 年的汶川大
地震，就是四川龍門山斷裂帶活動的結果。

或許你會問，在有些地震發生前，泉水會變渾，成群的蛤蟆還會集體大搬家，甚至連山體都會變形，難道不能依據這些現象預報地震嗎？答案是——肯定不可以。因為出現這些現象後不一定發生地震，所以它們不能作為預報的依據。就如同下雨一定有雲，但有雲不一定下雨一樣。

　　此外，對於地震的前兆分析和短臨預報，依然存在著技術上的困難，地震的具體形成過程對人類來說依然是一個未解之謎。這主要是因為地震孕育在地下深處，影響因素複雜，我們不能深入觀測地震形成的具體細節。雖然現在人類已經可以自由地翱翔於太空，卻依然難以深入地下，可謂"上天有路，入地無門"。目前，人類已經在全球範圍內建立起許多的地震觀測台站，可以獲取高質量的地震數據，對於地下的斷層分佈已經了如指掌，對於地下發生的各種物理變化也能夠實時監控，但是對於地震依舊難以預測。

　　因此，與其被動地等待科學家找到預測地震的妙招，不如我們多掌握一些地震發生時的求生手段。一些地質博物館裏專門有地震體驗小屋——當然，為了避免傷及遊客，裏面的各種"家具"都是用泡沫塑料或海綿製作的。那麼，當房屋開始搖晃後，你應該如何做呢？

首先，對於生活在樓房裏的同學來說，應牢記“發震時就近躲避，震後聽從指揮迅速撤離”。當地震發生時，如果我們在教室上課，應立即用手或書包護住頭，迅速躲到教室牆角處；如果我們在家裏，則儘量選擇有承重牆的衛生間等狹小的空間進行躲避，並用手護住頭。當震動結束後，我們要有秩序地撤離。在撤離時要護住頭部，走樓梯，不要選擇電梯。如果不幸遇到房屋倒塌，自己被困在一個狹小的空間時，不宜立即大聲呼救或試圖扒開周圍的殘磚廢瓦，要節省體力，等待救援人員到來。

　　當然，如果地震時我們恰巧身處平房中，那就需要用手或書包護住頭部，有秩序地迅速跑出來。如果地震時我們在戶外，則要儘可能遠離高大建築物或者山崖，向開闊地跑。

　　生活在地震易發區的同學不僅要掌握地震逃生的知識，而且家中要做好防震準備，常備一些應急用品，例如頭盔、應急救援食品、照明用品等。此外，如果你住在自建的房屋裏，一定要請工程人員進行抗震檢測，及時加固房屋。

　　說完地震的防護措施，最後讓我們來簡單說說震級和烈度這兩個概念。震級是指地震釋放能量的大小，一次地震只有一個震級。而烈度，簡

烈度最大

震中

單來說是指地震對地表破壞程度的大小，一次地
震對不同地區的破壞程度是不同的，因此一次地
震有多個烈度區。我們把地面距震源最近的地方
叫作震中，通常是烈度最大的地方。在其他條件
相同的情況下，距離震中越遠的地方，烈度越小。

禍從天降──崩塌

當乘坐汽車行駛在山區的公路上，看著路邊那壯觀的崖壁時，你一定要時刻小心頭頂上方，因為很可能突然禍從天降。由於岩壁上方的岩石可能處於搖搖欲墜的狀態，一旦失去平衡便會迅速滾落，造成事故。這就是常見的地質災害之一──崩塌。關於崩塌，目前全國各地的地質博物館裏介紹得並不多，而且多以圖片形式展出。

你看！山上的滾石會把道路堵塞，如果在石頭滾落的時候，恰巧有汽車通過，往往會造成車毀人亡的慘劇。生活在山區的同學們特別需要掌

圖 4.1.2
崩塌

握崩塌的發生機制和避災方法，因為崩塌發生的頻率可比地震大許多。

崩塌是岩塊、土體受到風化作用、地震以及人類活動等因素的影響，在重力作用下從較陡的斜坡上突然脫離山體，崩落、滾動並堆積在坡腳的一種地質現象。造成崩塌的原因首先是一定的地形地質條件，例如地形坡度大於五十度，並且山坡上的岩石處於鬆動的狀態，這就為崩塌的發生提供了基本條件。

當然，只具備基本的地形條件還不夠，崩塌的發生需要一個誘發因素。這個誘因可以是地震、強降水等自然因素，也可以是人類活動等人為因素，例如挖土、開山取石、人工爆破、水庫蓄水等。剛才提到的公路兩邊的崖壁下就是崩塌易發生的地區。這是因為修路曾經導致人為開山，兩側的崖壁已經失去了原來的平衡，處於不穩定的狀態，再加上崖壁非常陡，幾乎與公路面垂直，因此這裏就成了崩塌的易發區。如果你仔細觀察，就會發現這裏往往豎有“注意落石”的交通標誌牌，有些地方還將兩側崖壁用水泥或鐵絲網進行加固，這些都是預防崩塌災害的措施。

崩塌是中國最為嚴重的地質災害之一，每年中國會發生數千次。據統計，2009 年中國（港澳台地區除外）共發生崩塌二千三百零九起，約佔全年地質災害總數的百分之二十一。崩塌一旦發生，輕則阻斷交通，重則造成建築受損、房屋倒塌、車毀人亡等慘劇。對於崩塌的預防，主要是在危險地區進行工程加固，例如水泥加固以及鋪設防護牆、防護網等。

對於我們來說，如果去山區旅遊或考察，一定要選擇好路綫，儘量避開崩塌、滑坡、泥石流等易發地區。旅行時路過危險地段最好戴上安全帽。此外在行進途中一定要注意觀察岩壁，如有小的石塊滑落，最好迅速撤離。還要牢記的一點是雨雪天最好不要去山區旅行，因為降水會對岩石中的斷層、節理等起到潤滑作用，很容易發生崩塌這樣的地質災害。如果你生活在山區，請一定要記住，不要去陡崖下面玩耍，還要提醒你的家人，儘量不要把房屋建在陡崖下面。

及時清除路障，確保通行安全。

岩石也會滑滑梯——滑坡

快跑，滑坡了！

我們小時候在遊樂場和兒童樂園都玩過滑梯，不知道你是否注意觀察，我們玩的滑梯坡度適中，既不太陡，也不會很平緩。我們在數學課上已經學過角度的概念，會使用半圓儀去量角。其實有機會的話，你不妨用老師上課用的大半圓儀去量量滑梯的坡度——發現了嗎？滑梯的坡度一般都在三十度到四十五度之間，很少有小於三十度或大於四十五度的。

其實就像我們玩滑梯一樣，岩石也會滑"滑梯"。不過岩石一旦玩起滑梯，那可就不"好玩"了，它帶來的後果可能非常嚴重，這就是滑坡災害。滑坡俗稱"走山"，是岩、土體由於種種原因在重力作用下沿著斜坡的一個面整體向下滑動

圖 4.1.3
滑坡

的現象。滑坡首先需要一定的地形條件，只有具備一定坡度的斜坡才可能發生滑坡。

　　滑波時，一個圓滾滾的小山包就像是被用刀切開一樣，一大塊山體沿著破裂面向下滑動，下面的房屋、農田、道路會被迅速掩埋。一般來講，四十五度左右的坡度是滑坡的危險坡度。與崩塌一樣，滑坡除了地形地貌因素外，還需要有誘發因素，例如地震、降水、河流沖刷、人為開挖坡腳、採礦等。

圖 4.1.4
野外滑坡

滑坡數量之多，位居中國地質災害之首，幾乎每年都佔全國地質災害總數的一半以上。但滑坡是有徵兆的，是可以預測的。

　　在山區，如果發現以下現象，就預示著滑坡有可能會發生，應及時彙報，並做好疏散撤離的準備：

　　1. 在山頂發現一條或多條裂縫；

　　2. 山上的樹木、電綫杆等發生歪斜，房屋、道路出現變形拉裂的現象；

　　3. 山體出現變形，有小型坍塌、隆起等現象；

　　4. 井水、泉水出現異常變化或有地下水出露。

　　當發生滑坡時，你又恰好位於滑坡體上，那該怎麼辦呢？首先要向滑坡體兩側跑開，不能順著滑坡方向跑。如果滑動速度過快，來不及跑開，則要抱住大樹，儘可能防止被掩埋。

　　為了預防滑坡帶來的生命財產損失，一方面我們需要依靠有關部門進行工程預防，例如對山體進行工程加固，修建排水渠道等；另一方面，自家建房時，一定要選擇開闊地，儘量不要建在半山坡或山腳。建房前最好諮詢一下地質部門，以便最大限度地保障房屋安全。

殺手本色——泥石流

有一種地質災害，在我們的城市中很少遇到，但是在山區，它卻是不折不扣的狂躁殺手，這就是泥石流。

2010年8月7日，甘肅舟曲縣城已經被籠罩在朦朧的夜色中。突然，一股洪流滾滾而來，打破了夜色的寧靜，洪流所經之處無不淪為一片廢墟。這次泥石流共造成一千五百零八人遇難，二百五十七人失蹤，在舟曲縣城形成了一條長約五千米，平均寬三百米，厚五米的泥石流帶。

圖 4.1.5
泥石流

今天，一個嶄新的舟曲縣城已經矗立起來，但是為了讓人們世世代代記住這場災難，政府還在新舟曲縣城建設了一個紀念館。走進紀念館，當年災害來臨時那一幕幕慘烈的場景便歷歷在目。災後的舟曲縣城一片狼藉，房屋倒塌，街道上堆積了大量的礫石和淤泥。那麼，舟曲縣城為

圖 4.1.6
溝谷地區

什麼會遭此厄運呢？這就要從泥石流的發生機制和發生地點講起。

　　泥石流是暴雨、洪水將含有沙石且鬆軟的土質山體經飽和稀釋後形成的洪流，多發於溝谷地區。它不同於一般的山洪，而是一種高濃度的固液混合流。有個形象的比喻，如果說山洪像一碗

稀米湯，那麼泥石流就如同一碗濃粥，其流速、流量和沖刷撞擊能力都遠在山洪之上。它會以撞擊、沖刷、淤埋等方式直接對面前的一切造成破壞，導致重大人員傷亡和財產損失。

泥石流發威了。

泥石流的形成必須具備三個條件：首先是要有流水的存在，而流水的來源有強降水、冰雪融化以及湖泊、水庫決堤等；第二要有豐富的、鬆散的固體物質，這是泥石流的重要組成部分；第三就是流水攜帶著固體物質能夠流動，而溝谷地區由於具有高差和坡度，常常成為泥石流流動的通道。其中，流水是形成泥石流的主要因素，這也就決定了泥石流的暴發具有季節性的特點。夏季，中國處於雨季，降水充足，是泥石流的高發期，大部分泥石流暴發集中於六至九月，以七至八月為最。當然，在北方地區冬春之交，由於冰雪融化，水量增多，也會帶來一些泥石流災害。

舟曲的這場災難是多種因素疊加在一起的結果。首先在泥石流暴發前，該地區出現了強降雨。此外，舟曲縣城處於兩山的夾谷中，一旦泥石流形成，這裏便是天然的通道。當然，長期以來，人們對周圍自然環境的破壞也是災難的又一大誘因。

泥石流可以說是自然界中的一大殺手，住

在山區的同學尤其需要對泥石流災害有基本的認識。泥石流的暴發是有徵兆的。一般而言，如果連續幾天強降水，造成井水變渾，溝谷處有巨大的轟鳴聲和震動感，那麼泥石流就很可能在短時間內暴發。這時需要及時報告，並迅速撤離溝谷地帶。如果泥石流已經發生，要立即朝著與泥石流垂直的方向逃離，並且要往高處的山坡上跑。

當然，對於泥石流的防治，還需要採取一定的措施，例如開挖泥石流疏導槽，用石頭壘砌多級防護牆等等。但是最根本的治理方法還是保護植被和流域內的環境，加強生態建設，減少水土流失。

吞噬生命的陷阱——地面塌陷

在平整寬闊的道路上，有時會突然出現一個深深的大坑，人一旦掉進去，性命難保。那麼，這究竟是怎麼回事呢？我們不妨做個小實驗。首先並排擺上三塊積木，在積木上面鋪一張紙，紙上再放一些積木。之後，把底下三塊積木中的中間一塊撤走，你就會發現紙張中間由於上部懸空，壓力下墜，就出現了一個隱蔽的"大坑"，"大坑"上面的積木下陷，時間一長甚至會倒塌。

這就是生活中我們常常遇到的另一個更為隱蔽而危險的地質災害——地面塌陷。

當地面塌陷現象發生在人類活動區，特別是人口稠密地區時，會造成很大危害，成為吞噬生命的陷阱。

那麼，地面塌陷是如何形成的呢？其實就像我們剛才做的積木實驗，當地下由於自然或人為因素被掏空而失去平衡時，就會塌陷。按照地質條件的不同，地面塌陷可以大致分為岩溶塌陷和非岩溶塌陷兩種，非岩溶塌陷又包括採空塌陷、黃土濕陷塌陷等。

所謂採空塌陷，就像我們剛才做的積木實驗，當地下被掏空後，地面承受不了重量而坍塌，這種掏空主要是人們大量開採地下水、採礦或者是修築諸如地鐵這樣的地下工程而引起的。當然，有時這種掏空來自大自然，例如在中國西南地區，流水會對地下的石灰岩進行侵蝕，形成溶洞，溶洞不斷擴大，最終會坍塌，這就是岩溶塌陷。在北方的黃土地區，如果向黃土注水，一部分黃土會被沖走，剩下的黃土因為浸水而變成柔軟的稀泥，這也可能導致地面塌陷。

在上述三種塌陷中，採空塌陷造成的危害最大，損失也最慘重。2006 年，因為北京地鐵十號

圖 4.1.7
地面塌陷

緻施工造成京廣橋路面坍塌,作為 CBD 主幹道的
東三環路因此突然中斷交通。2008 年,杭州市風
情大道地鐵施工工地突然發生大面積地面塌陷,
造成多輛汽車和施工人員被困地下。這些都是典
型的採空塌陷實例。

　　岩溶塌陷也不可小視,特別是中國西南地區
(如廣西、四川、貴州、雲南等地)多為石灰岩的
分佈區,地下水會不斷地溶蝕石灰岩形成地下空
洞,一旦洞頂的岩石失去平衡,就會造成地面塌
陷。1993 年,廣西柳州就因岩溶塌陷導致鐵路路
基被毀壞,造成列車傾覆的後果。

地面塌陷雖然影響的區域有限，但是由於其發生具有突然性，前兆有時不明顯，因此很難準確預報。不過，中國已經對地面塌陷的易發區，如煤礦採空區、岩溶地貌分佈區等開展了長期的監測工作。預防地面塌陷，工程治理是關鍵。目前主要採用向地下採空區注漿或用煤矸石、廢渣進行地下填充等方式來防止塌陷的發生。此外，在工程建設中，前期的地質勘探十分重要，一定要避免在採空區建設大型建築物。

在日常生活中，地面塌陷還是有一些防護手段的。首先，如果你發現地面上出現了許多裂

我也不想入坑啊！

縫，一定要儘快撤離，這很可能是地面塌陷的前兆。而如果發現地面已經出現了塌陷，千萬不要上前湊熱鬧觀看，而要迅速跑開，因為塌陷面積有可能進一步擴大，危及周邊安全。

博物館參觀禮儀小貼士

同學們，你們好，我是博樂樂，別看年紀和你們差不多，我可是個資深的博物館愛好者。博物館真是個神奇的地方，裏面的藏品歷經千百年時光流轉，用斑駁的印記講述過去的故事，多麼不可思議！我想帶領你們走進每一家博物館，去發現藏品中承載的珍貴記憶。

走進博物館時，隨身所帶的不僅僅要有發現奇妙的雙眼、感受魅力的內心，更要有一份對歷史、文化、藝術以及對他人的尊重，而這份尊重的體現便是遵守博物館參觀的禮儀。

一、進入博物館的展廳前，請先仔細閱讀參觀的規則、標誌和提醒，看看博物館告訴我們要注意什麼。

二、看到了心儀的藏品，難免會想要用手中的相機記錄下來，但是要注意將相機的閃光燈調整到關閉狀態，因為閃光燈會給這些珍貴且脆弱的文物帶來一定的損害。

三、遇到沒有玻璃罩子的文物，不要伸手去摸，與文物之間保持一定的距離，反而為我們從另外的角度去欣賞文物打開一扇窗。

四、在展廳裏請不要喝水或吃零食，這樣能體現我們對文物的尊重。

五、參觀博物館要遵守秩序，說話應輕聲細語，不可以追跑嬉鬧。對秩序的遵守不僅是為了保證我們自己參觀的效果，更是對他人的尊重。

六、就算是為了仔細看清藏品，也不要趴在展櫃上，把髒兮兮的小手印留在展櫃玻璃上。

七、博物館中熱情的講解員是陪伴我們參觀的好朋友，在講解員講解的時候盡量不要用你的問題打斷他。若真有疑問，可以在整個導覽結束後，單獨去請教講解員，相信這時得到的答案會更細緻、更準確。

八、如果是跟隨團隊參觀，個子小的同學站在前排，個子高的同學站在後排，這樣參觀的效果會更好。當某一位同學在回答老師或者講解員提問時，其他同學要做到認真傾聽。

記住了這些，讓我們一起開始博物館奇妙之旅吧！

博樂樂帶你遊
博物館

哈哈，假期到了，好久不見，我博樂樂又來啦！這次我要和你一起走進地質類博物館。在那裏，我們將欣賞到一個個絢麗多彩的岩石世界。我特意選了幾家具有代表性的博物館，讓我們去看看那裏都有什麼好玩的。一起出發吧！

小提示

中國地質博物館始建於1916年，目前的博物館大樓是1958年落成的。大樓共有六層，一至四層為展區，其中常設展廳五個，臨時展廳一個。常設展廳有地球廳、礦物岩石廳、寶玉石展廳、史前生物廳和關懷鼓舞廳。

中國地質博物館

地址：北京市西城區西四羊肉胡同十五號

開館時間：9:00—16:30（16:00 停止售票）

　　　　周一閉館

門票：成人三十元，學生十五元

　　　團體參觀優惠

　　　學齡前兒童（須家長陪同）和殘疾人參觀

　　　免費

電話及網址：010-66557858

　　　　　http://www.gmc.org.cn/

美麗的首都北京有著四通八達的地鐵綫，其中有這樣一條綫路，它北經頤和園，沿途路過動物園、西單商業街、北京南站，最後向南進入大興，這就是北京地鐵四號綫。乘坐四號綫到西四站下車，我就來到了國內歷史最悠久的博物館之一——中國地質博物館。

走進一層地球廳，迎面就是一個大大的地球。我在展廳裏發現了好多褶皺、斷層的標本。

小提示

中國地質博物館可不是免費的，不過學生可以半價，記得要帶學生證喲！

當然，它們太小了，真正大的褶皺和斷層能塑造巍峨的高山和壯麗的峽谷呢！這裏還有一個模擬飛行器，我痛痛快快地體驗了一把穿越祖國大好河山的快感。

二層是礦物岩石廳和寶玉石展廳。這兩個廳真漂亮！在礦物岩石廳裏展出著巨大的螢石晶簇、夢幻般的晶洞、惟妙惟肖的重晶石玫瑰花，它們顏色奇異、造型獨特，真是地球的傑作！在岩石礦物中還有一些精美、耐久、稀有的品種——寶玉石，像璀璨的鑽石、流光溢彩的歐泊、彩虹一般的碧璽以及具有深厚文化底蘊的玉石。它們不但好看，而且有的還價值連城呢！

小提示

在二層的中廳，地質博物館的專家們還會為我們免費鑒定珠寶玉石手把件嘞！

120

三層包括史前生物廳和關懷鼓舞廳。這兩個廳的主題是"'歷史'——地球那漫長的四十六億年歷史和新中國的地質事業發展史"。

我徜徉在史前生物廳，就如同沿著時光隧道漫遊。在這裏，我看到了地球早期生命的見證者——疊層石，欣賞到了五彩斑斕的史前海底世界，更回到了恐龍的時代去探險！史前生物廳不乏精品，像翩翩起舞的海百合、巨大的杯椎魚龍以及早期的鳥形恐龍——中華龍鳥化石。

小提示

二層的兩個展廳裏有很多鎮館之寶，都是世界罕有的奇珍。我們在這裏能夠學到很多的礦石知識，值得仔細地遊覽。

121

在關懷鼓舞廳，老一輩革命家和新中國歷代
領導人對地質事業的關注盡在一件件藏品中，如
毛主席贈送的煤精，劉少奇贈送給地質隊員的獵
槍，朱德生前收藏的岩礦標本，陳賡捐給國家的
翡翠，以及溫家寶用過的野外地質用品等等。

千萬不要以為中國地質博物館的精品都在大
樓裏面！在館外的地質廣場上，靜靜地擺放著許
多巨大的岩礦標本，其中有不少的館藏珍品。例
如重達三點五噸的中國水晶王，與慈禧太后有過
一段淵源的和田青玉，還有曾經安放在明末名妓
陳圓圓府中的太湖石等等。

美好的時光總是短暫的，一轉眼，已經到了
閉館的時間，可我還意猶未盡呢！這裏真不愧是
"中國" 地質博物館，每一件藏品都是一個不朽的
傳奇，每個傳奇背後都有一段動人的故事。中國
地質博物館，咱們下次再見！

小提示

在三層的中廳，地質博
物館的專家們會為我們
演示化石的修復技術，
感興趣的話，多駐足一
會吧！

我們再到另一座古都南京，參觀南京地質博物館。

南京地質博物館

地址：江蘇省南京市玄武區珠江路七〇〇號

開館時間：周三至周五 9:30—16:30

（16:00 停止入場）

周六、周日 9:00—16:30

（16:00 停止入場）

周一、周二閉館

門票：免費參觀，需要出示有效證件

電話及網址：025-51816587、025-51816586

http://www.njgeologicalmuseum.com

小提示

從中國地質博物館到南京地質博物館有便捷的軌道交通。乘坐北京地鐵四號綫到達北京南站，然後乘坐京滬高鐵列車到達南京南站，從南京南站乘坐南京地鐵一號綫轉二號綫到西安門站下。

在北京，有中國地質博物館，其實在千里之外的另一座古都——南京，也有一處與中國地質博物館有著歷史淵源的展館，這就是南京地質博物館。現代交通的飛速發展使我很快就能從位於北京的中國地質博物館到達南京地質博物館。

南京地質博物館的前身是中華民國臨時政府農商部地質調查所在 1916 年成立的地質礦產陳列館，原址位於北京豐盛胡同三號。後來由於戰亂等原因，陳列館經歷了南遷北守的動盪歲月，被分成了兩個部分。其中“南遷”的部分就逐漸發展成為如今的南京地質博物館，而“北守”的部分則是中國地質博物館的前身。

中國地質博物館和南京地質博物館，原來是親兄弟呀！

南京重要近現代建築
Modern Historical Architecture·Nanjing
編號：2008067

中央地质调查所旧址

中央地质调查所是中国近代史上第一个全国性地质研究机构。该建筑建于1935年，由著名建筑师童寯设计，三层德式建筑风格。

南京市人民政府
二〇〇八年十月

了解地質災害，對我們可是大有用處的，說不定將來哪天真的可以起到“護身符”的作用呢！

　　一進館院大門，我就看到了一幢德式風格的紅色建築，這就是老館。老館設有“地學搖籃”“中國石文化”“礦產資源”和“地質環境”四個展廳。

　　在地學搖籃廳，我發現了新中國四十八位兩院地學院士的群像浮雕，他們是近現代中國地質科學研究發展歷程的參與者，為中國地質科學事業的發展書寫了輝煌的篇章。

　　在中國石文化廳，各種寶玉石、文房石、園林觀賞石琳琅滿目，這是中國悠久燦爛石文化的濃縮。

　　來到礦產資源廳，我頓時有了一種穿越時空的感覺。這裏運用了先進的幻影成像技術和實景模型再現了古代銅礦的開採場景，讓我不禁感嘆：古人可真聰明呀！

走進地質環境廳，我身臨其境地感受到了地震、海嘯、滑坡、泥石流等自然災害發生時人類的渺小，也了解了災害防治、礦山環境、地質遺跡保護等方面的內容，特別是那些關於災害的起因、預防和治理的相關知識。

如果說老館展示了悠久厚重的歷史文化，那麼在老館旁邊拔地而起的新館就展示了激情與活力。新館設有"恐龍世界""行星地球""生命演化"三個常設展廳以及臨時展廳和學術報告廳。

在這裏，我看到了許多奇珍異寶，比如世界上保存最完整的身長達到二十八米的巨大恐龍——炳靈大夏巨龍，首次裝架展出的三具由古生物學家楊鍾健先生於二十世紀三十年代發掘的

小提示

在新館的恐龍廳經常會有科普活動，有空一定要去體驗一下！

126

恐龍真骨化石，產於江蘇的長形恐龍蛋化石，長達二十六米的木化石等等。當然，這裏的礦物標本也很精彩，如極具科學價值的"四極石"、海藍寶石原岩、身價不菲的閃鋅礦，這些都是很難得的珍品。

南京地質博物館還配有恐龍影院、模型互動、恐龍常識介紹與知識查詢區，每逢周末和寒暑假還有各種各樣精彩的活動。我在這裏騎著恐龍拍了好多照片，還帶了紀念品回家呢！

小提示

所謂"四極石"，指的是來自南極、北極、珠穆朗瑪峰地區、太平洋深處這四個地方的石頭。它們雖然其貌不揚，但是十分珍貴，在全球範圍內難得一見，象徵著中國地質工作者攀峰入海的科研精神。

本溪地質博物館

地址：遼寧省本溪市本溪滿族自治縣

　　　　本溪水洞景區

開館時間：全年開放，8:00—18:00（旺季）

　　　　　8:00—17:00（淡季）

門票：一般和水洞構成景區聯票，

　　　單購票四十五元／人

電話及網址：0414-4891163

　　　　　　目前暫無官方網站

小提示

本溪地質博物館佔地面積為一萬三千平方米，建築面積達到三千零八十平方米，由地球科學廳、生命進化廳、礦產資源廳、地質遺跡廳、多功能廳和綜合廳等六部分組成。

　　每當夏季來臨時，我總想找個地方避避暑。小夥伴們給我推薦了遼寧本溪，那裏有清涼的水洞，水洞旁邊還有一個夢幻般的地質博物館——本溪地質博物館（中國地質博物館本溪分館）。另外，在博物館大樓的旁邊，還有一個矽化木王國主題公園。

走進博物館，最吸引人眼球的當屬一件件珍貴的古生物化石了，特別是產自遼西的化石精品，更是明星中的明星。

記得小時候，我特別喜歡唱一首兒歌："我們的祖國是花園，花園裏花朵真鮮艷……"其實，我們偉大的祖國不僅是一座鮮花盛開的花園，更是一處培育鮮花的樂土。在本溪地質博物館中，我看到了地球上最早盛開的花——遼寧古果和中華古果，它們可是和恐龍同時代的，距今有一點四五億萬年的歷史呢！

　　說起恐龍，我總會想到那些身長幾十米、重達幾十噸的龐然大物，但是在這裏，我卻看到了另外一些恐龍。它們的身體十分嬌小，可是在它們身上卻蘊含著一個驚天的秘密。看！那就是中華龍鳥，身長不過幾十厘米，但是和那些長有鱗片的大型恐龍不同，我在它的身上能發現纖細的羽毛。再看它整體的形態，太像一隻鳥了！除了中華龍鳥外，這裏還有其他一些帶羽毛的小恐龍。它們透露給我們的驚天秘密就是——恐龍並沒有完全滅絕，它們中的一部分進化成了今天的鳥類，和我們為伴。

小提示

帶羽毛的恐龍屬小型獸腳類恐龍，很多科學家相信它們是恐龍家族中倖存的一支，今天飛翔在天空中的鳥類就是它們的後裔。

雖然叫作“鳥”，但中華龍鳥可是不折不扣的恐龍喲！

在這裏，還有一件令人稱奇的化石精品，著名古生物學家季強稱它為“最後的晚餐”，這就是馬氏燕鳥的化石。這塊化石最為奇特之處是在馬氏燕鳥的嘴部還保存著一條魚的遺骸。據猜想，當這隻馬氏燕鳥剛剛俯衝到湖面叼起一條魚準備吞嚥的時候，突然火山噴發，瞬間這隻小鳥便窒息死亡了。它和嘴邊的魚一起掉入湖中，隨後火山灰將整個湖掩埋。馬氏燕鳥最後進食的畫面就這樣永遠定格在了岩層中，一直保留了一億多年，直到被人們發現。

除了生物化石外，館內還展示了國內外多種珍稀、精美的礦物標本以及寶石、玉石和觀賞石，將大自然的另一種美收藏在一個個展櫃中，看得我大呼過癮。

這裏的有些化石，在世界上別的地方都看不到！

小提示

館內陳列了本溪國家地質公園的地質遺跡、史前地質遺跡，國家級珍貴標本三十餘件，珍稀標本三千三百餘件，其中金剛山義縣翼龍、本溪甲龍、馬氏燕鳥吃魚等是世界唯一的化石標本，中華龍鳥、尾羽鳥等也是世界僅有的幾塊當中最精美的標本。

地處中原大地的河南省地質博物館也不能錯過。

河南省地質博物館

河南省地質博物館的建築面積有五千八百七十平方米，佈展面積達四千一百平方米。館內設有地球廳、恐龍廳、生命演化廳、古象廳、礦產資源廳、地質環境廳、礦物廳、4D動感影院和地震海嘯感受劇場，館外有礦石林、科普廣場等等。

地址：河南省鄭州市鄭東新區金水東路
　　　十八號
開館時間：周二至周日 9:00—16:30
　　　（15:30 停止進館）
　　　周一閉館
門票：免費參觀，需要出示有效證件
電話及網址：0371-68108999
　　　　http://www.hngm.org.cn/

現在我來到了河南省鄭州市，在鄭東新區有一座省級一流的地質博物館，這就是河南省地質博物館。

在走進這座莊重典雅的地學殿堂之前，我一眼就看到了館外兩座巨大的恐龍塑像。它們無聲地告訴我，豫州中原大地也是恐龍的故鄉。當我走進博物館的恐龍廳時，立刻就被一件件化石珍品所震撼。這裏有在河南南陽西峽出土的世界最大的一窩恐龍蛋，有世界上最小的竊蛋龍，還有中國唯一的結節龍以及數件長羽毛的恐龍等珍貴標本。

告別了形態各異的恐龍，在恐龍廳的外圍，就是兩層雙螺旋結構的展廊——生命演化廳，這種雙螺旋結構正是模仿了 DNA。在生命演化廳，我真切地感受到了生命從簡單到複雜的漫長演化過程，還看到了採自澄江生物群、關嶺生物群、熱河生物群的大量精美標本。

　　在漫長的演化過程中，許多動物由於氣候、飲食等原因，不斷進行著遷徙，從一個地方搬家到另一個地方。大象，就是其中的一員。在今天，河南已經沒有野生的大象了，但是在古代，這裏卻是大象的樂園。

小提示 🖋

河南的簡稱是"豫"，"豫"就是大象的意思，這說明河南在從前是有象的。考古學家在黃河流域也發現了很多古象的化石，這同時從科學的角度證明了，古代有很多大象在這裏生活。

在古象廳裏，裝架展出了鏟齒象、四棱齒象骨架化石，在鶴壁發現的劍齒象牙化石，在靈寶發現的猛獁象化石等。這個展廳，可是河南省地質博物館的一大特色呢！

生物世界是精彩的，而岩石礦物世界則是多彩的。展廳裏展示了數百種精美的礦物晶體和寶玉石標本，比如多色碧璽、奇妙的紫水晶晶洞、產自河南當地的獨山玉等等，讓我大開眼界。

小提示 🖋

我們來到這裏，不僅可以欣賞這些史前怪獸留下的遺物，還有"與恐龍賽跑""與恐龍比體重""恐龍拼圖"等互動項目，我們可以動起來、玩起來。

新疆地質礦產博物館

地址：新疆維吾爾自治區烏魯木齊市友好北路
四三〇號
開館時間：10:30—17:00（北京時間）
（5—9月，周一至周六；
10—4月，周一至周五）
門票：免費參觀，需要出示有效證件
電話及網址：0991-4812066
http://www.xjdkbwg.com/

小提示

新疆地質礦產博物館要
10:30才開門呢，這不
是開門晚，而是因為烏
魯木齊與北京有時差。
那裏使用的是北京時
間，但是地方時與北京
時間要相差兩個小時。
因此在烏魯木齊，北京
時間的10:30相當於當
地早上8:30。

"我們新疆好地方啊，天山南北好牧場……"
這是一首爸爸非常喜歡的老歌。就像歌中唱的那
樣，位於中國西北邊陲，地域遼闊的新疆維吾爾
自治區的確是一個物產富饒的地方。這裏不僅有
香甜的水果，還有豐富的礦產和寶石資源。今天
我們一家就來到了位於烏魯木齊市友好北路的新
疆地質礦產博物館。

走進新疆地質礦產博物館，就如同打開了新疆地質礦產的寶典。這裏有七個展廳，分別是宇宙地球廳、生命演化廳、金屬礦產廳、非金屬礦產廳、能源礦產廳、寶玉石廳以及旅遊地質和環境地質廳。

宇宙地球廳是將科普知識和科幻假說融為一體的展廳，這裏運用聲、光、電等高科技手段介紹神秘的宇宙，從宇宙逐步縮小到我們的家園——地球。在這裏，我了解了地球結構、地殼演化、地殼活動和地球的未來等知識。

小提示

烏魯木齊是世界上離海洋最遠的城市，屬中溫帶大陸性乾旱氣候，最熱的是七、八月，平均氣溫二十五點七攝氏度；最冷的是一月，平均氣溫零下十五點二攝氏度。不要看新疆大部分地區夏季陽光強烈，其實這裏是很好的避暑勝地喲！

　　剛走進生命演化廳，我一眼就看到了亞洲最大的二十二米長的馬門溪龍骨架，它真大呀！這裏還有在新疆出土的蘇氏巧龍化石骨架以及發現於新疆阜康黃山街的九具副肯氏獸遺骸的複製品。當然，這裏還少不了仿真恐龍電動模型，以及古樹茂密、藤蔓垂繞的復原場景，我在這裏進行了一次時空穿越之旅。

早穿皮襖午穿紗，
圍著火爐吃西瓜！

在金屬礦產廳、非金屬礦產廳和能源礦產廳，展出了產自新疆的五彩繽紛的各色礦物、礦產標本以及產地的圖片。如果說中國是個地質礦產的寶庫，那麼新疆就是中國的一個縮影。不僅如此，新疆又是赫赫有名的寶玉石之鄉，著名的和田玉就產自這裏。在寶玉石廳裏，白玉、瑪瑙、水晶令我目不暇接。這裏還有一大塊青玉山料，可以算是鎮館之寶。雖然玉質不算出類拔萃，但是它和慈禧太后有著一定的關係，據說當年慈禧太后就準備用這塊玉料為自己製作棺床。

小提示

對於宇宙的介紹其實在
館外廣場上就開始了，
在這裏你會看到一塊巨
大的鐵隕石，這可是世
界第三大鐵隕石呢！

　　在旅遊地質和環境地質廳，我做了一次全疆
的地質旅行。按照地圖上的路綫，我伴隨著精美
的展板和多媒體資料去了新疆的恐龍溝、矽化木
地質公園、魔鬼城、喀納斯湖等地參觀遊覽。當
然，通過講解員的介紹，我也懂得了：新疆地處
歐亞大陸腹地，氣候乾旱，生態脆弱，荒漠化一
直威脅著人們的生存環境。因此，保護環境是我
們共同的責任。

時間過得好快呀！半個假期的時間，我參觀了中國東西南北中五個地質博物館。這些博物館不僅好看，而且好玩，更重要的是能讓我們清楚地了解地球母親的過去與現在，相信你一定有了不小的收穫吧！假期雖然即將過去，但我們的地球之旅還在繼續，為了地球母親和我們的未來，記得要保護環境，珍惜大自然！

責任編輯　李　斌

封面設計　任媛媛

版式設計　吳冠曼　任媛媛

書　　名　博物館裏的中國

傾聽地球秘密

主　　編　宋新潮　潘守永

編　　著　高源　尹超

出　　版　三聯書店（香港）有限公司

　　　　　香港北角英皇道 499 號北角工業大廈 20 樓

　　　　　Joint Publishing (H.K.) Co., Ltd.

　　　　　20/F., North Point Industrial Building,

　　　　　499 King's Road, North Point, Hong Kong

香港發行　香港聯合書刊物流有限公司

　　　　　香港新界大埔汀麗路 36 號 3 字樓

印　　刷　中華商務彩色印刷有限公司

　　　　　香港新界大埔汀麗路 36 號 14 字樓

版　　次　2018 年 6 月香港第一版第一次印刷

規　　格　16 開（170 × 235 mm）160 面

國際書號　ISBN 978-962-04-4264-3

　　　　　© 2018 Joint Publishing (H.K.) Co., Ltd.

　　　　　Published in Hong Kong

本作品由新蕾出版社（天津）有限公司授權三聯書店（香港）有限公司
在香港、澳門、台灣地區獨家出版、發行繁體中文版。